土木建筑大类专业系列新形

建筑给排水工程设计与施工

张娅玲 ▣ 主　编

吴　玫 ▣ 副主编

清华大学出版社

北京

内 容 简 介

本书是高等职业院校建筑设备类专业的专业核心课教材。本书系统介绍了建筑给水排水基础知识、生活给水系统、建筑消防给水系统、建筑热水系统、建筑排水系统、建筑屋面雨水排水系统、建筑中水系统的专业知识、设计方法和安装要求,并结合高职教学特点介绍了建筑给水排水施工图的要求、组成和识读技巧。本书以工作过程为导向,注重工学结合,强调对学生应用能力的培养,每个学习情境均配有学习目标、学习内容、小结、复习思考题和实践任务或技能训练。各部分内容简洁精练、表述清楚、图文并茂、通俗易懂,便于自学和参考。

本书可作为高等职业院校建筑设备工程技术专业、给排水工程技术专业、供热通风与空调工程技术专业教学用书,也可以作为"1+X"建筑信息模型(BIM)职业技能等级证书认证考试人员的学习用书,还可以作为设计院设计师或施工现场管理人员的指导用书和实用手册。

图书在版编目(CIP)数据

建筑给排水工程设计与施工 / 张娅玲主编.—北京:清华大学出版社,2023.8
土木建筑大类专业系列新形态教材
ISBN 978-7-302-63829-2

Ⅰ.①建… Ⅱ.①张… Ⅲ.①建筑工程-给水工程-工程设计 ②建筑工程-排水工程-工程设计 ③建筑工程-给水工程-工程施工 ④建筑工程-排水工程-工程施工 Ⅳ.①TU82

中国国家版本馆 CIP 数据核字(2023)第 102720 号

责任编辑:杜　晓
封面设计:曹　来
责任校对:李　梅
责任印制:沈　露

出版发行:清华大学出版社
　　　　网　　　址:http://www.tup.com.cn,http://www.wqbook.com
　　　　地　　　址:北京清华大学学研大厦A座　　　　　　　邮　　编:100084
　　　　社 总 机:010-83470000　　　　　　　　　　　　　　邮　　购:010-62786544
　　　　投稿与读者服务:010-62776969,c-service@tup.tsinghua.edu.cn
　　　　质量反馈:010-62772015,zhiliang@tup.tsinghua.edu.cn
　　　　课件下载:http://www.tup.com.cn,010-83470410
印 装 者:三河市龙大印装有限公司
经　　销:全国新华书店
开　　本:185mm×260mm　　　印　　张:13　　　字　　数:294千字
版　　次:2023年9月第1版　　　　　　　　　　　　印　　次:2023年9月第1次印刷
定　　价:49.00元

产品编号:102564-01

前　言

党的二十大报告指出："教育、科技、人才是全面建设社会主义现代化国家的基础性、战略性支撑"。本书紧扣国家战略和党的二十大精神，根据高等职业院校建筑设备工程技术专业教学标准要求进行编写，同时参考了给排水工程技术专业的教学标准，并结合了相关领域技能大赛要求及职业资格证书的要求，以职业岗位需求为导向、以培养实践能力为重点。

本书基于工作过程，突出高职特色，以培养学生的实际应用能力为目标设计教学内容，按照"实用为主、必需和够用为度"的原则，不仅包含基础理论知识，还加入了大量设计或计算案例，帮助读者理解和掌握重点内容，提升分析问题和解决问题的能力。本书的编写过程执行现行国家规范、标准和技术措施。

"建筑给排水工程设计与施工"是高等职业院校建筑设备专业、给排水专业的主要专业课之一。其任务是帮助学生掌握建筑内部给排水系统的类型、组成、常用设备、工作原理及有关设计计算、选型方法等，可以识读和绘制给排水工程施工图，具备从事一般给排水系统的设计、安装和配置设备的能力。本书可作为高等职业院校建筑设备工程技术、给排水工程技术、供热通风与空调工程技术专业或相近专业的专业课教材，也可供职工大学、电视大学使用，对于相关领域的工程技术人员来说，也是一本不错的参考用书。

本书是江苏城乡建设职业学院重点立项教材建设项目。全书共分为八个学习情境，由江苏城乡建设职业学院张娅玲担任主编，江苏城乡建设职业学院吴玫担任副主编。具体分工为：学习情境1、7、8由吴玫执笔，学习情境2～6由张娅玲执笔，图纸部分由常州长盛新能源科技有限公司冯彬完成修改整理。本书由河北科技工程职业技术大学鲍东杰教授担任主审。

本书在编写过程中，得到了有关研究、设计、施工、管理单位和各兄弟院校的专家、老师们的大力支持和帮助，他们对本书内容提出了许多宝贵的建议，另外来自设备学院的外籍博士 Raja 还将部分内容翻译为英文，在此一并表示衷心的感谢。

由于编者水平有限，书中难免有疏漏之处，敬请广大读者批评指正。

编　者
2023 年 2 月

目 录

学习情境 1 建筑给水排水基础知识

学习目标

1. 了解水的重要性;
2. 了解水的循环过程;
3. 掌握建筑给水排水工程的组成体系;
4. 熟悉建筑给水排水工程设计的基本步骤;
5. 熟悉建筑给水排水工程施工内容和流程。

学习内容

1. 水的重要性;
2. 水的循环;
3. 建筑中的给排水系统;
4. 建筑给水排水工程设计;
5. 建筑给水排水工程施工。

1.1 水的重要性

水是生命之源,是人类赖以生存和发展的重要资源。人类的生活离不开水,人体内水分占体重的 60%～70%;成人每天通过食物或饮用至少需要 1.5L 水;人类烹饪、洗涤、冲洗也需要水,工业、农业生产也需要水。

尽管地球表面约有 71% 被水覆盖,但可供人类使用的淡水资源却是有限的,而且由于人类的过度开采和人为污染,可用淡水资源正在不断减少。我国的淡水资源总量约为 28 000 亿 m³,名列世界第四位。但是,我国的人均水资源量只有 2 300m³,为世界平均水平的 1/4,是全球人均水资源贫乏的国家之一。

1.1.1 水的性质

1. 水的物理性质

1) 水的物态

水有 3 种物态:固态、液态和气态。物态与温度和压力有关。在标准大气压下,水在 0～100℃时为液态,在 0℃时变为固态——冰,在 100℃时变为气态——蒸汽。物态变化时会吸收或放出热量,冰溶解为水(固态—液态)时需要吸收热量 333kJ/kg,水蒸发为蒸汽时(液态—气态)需要吸收热量 2 258kJ/kg。

2) 水的比热

水的比热为 4.2kJ/(kg·℃),是地球上已知物质中最大的。1kg 水温度升高 1℃需要吸收 4.2kJ 的热量;反之,水温下降 1℃,可以释放 4.2kJ 热量。因此,采暖系统通常用热水作为热媒。

3) 水的密度

水的密度比较特殊,4℃时水的密度最大,为 1 000kg/m³,温度高于或低于 4℃时,水的密度都会变小,体积增大,即水有膨胀现象。水由 4℃加热至 80℃,体积增加 3%,加热至 100℃,体积增加 4.3%。被加热时,密闭容器中的水压力会升高,敞开容器中的水会溢出,因此,在热水系统中需设置安全阀、膨胀水箱等。0℃时水会结冰,体积增加可达 9%,有可能造成水管道或容器胀裂,所以冬季时要对管道和设备做好保温。100℃时水转变为蒸汽,会产生巨大压力,因此锅炉需要设置安全阀。

2. 水的化学性质

1) 水的酸碱度

水的酸碱度是指水中氢离子的活度,用 pH 表示。常温状态下,pH=7 的水为中性,pH<7 时为酸性,pH>7 时为碱性。根据我国制定的生活饮用水国家标准,饮用水的 pH 值在 6.5~8.5 之间,最佳值为 7.5。水的酸性或碱性较大时,不利于人和动物生长,对建材也有腐蚀作用。

2) 水的硬度

水的硬度是指水中的钙离子和镁离子的含量,含钙镁离子较多的水称为硬水,含钙镁离子较少或不含的水称为软水。硬水和肥皂反应时会产生不溶性的沉淀,降低洗涤效果;钙盐镁盐的沉淀会形成锅垢,妨碍热传导,严重时还会导致锅炉爆炸;长期饮用硬水会对人体健康与日常生活造成一定的影响。

1.1.2　水质

不同用户,对水质有不同的要求。

1. 生活饮用水水质标准

生活饮用水必须满足以下水质标准:

(1) 对人体健康无害;

(2) 感官性状良好;

(3) 对生活使用无不良影响。

2. 工业用水水质标准

工业用水对水质的要求取决于生产工艺。

与生活饮用水水质标准相比,工业用水水质标准可分为低于、等于、高于生活饮用水 3 种情况。低于生活饮用水水质标准时,可由工厂就近在水井、河流旁架设水泵加压供水,如清洗用水、冷却用水等;等于生活饮用水水质标准时,可直接使用城市给水管网的供水,如食品原料用水;高于生活饮用水水质标准时,由工业用户对城市给水管网的供水进行补充处理,以满足个性化的用水要求,如电子工业用水、锅炉用水等。

1.2 水 的 循 环

自然界的水循环是指地球上不同地方的水,通过吸收太阳的能量改变状态,然后移动到地球另外一个地方,如图1-1所示。例如,地面的水分被太阳蒸发成为空气中的水蒸气,通过降雨、降雪等又落回地面,然后渗入土壤或补充为地下水,经过流动由一个地方移动到另一个地方。

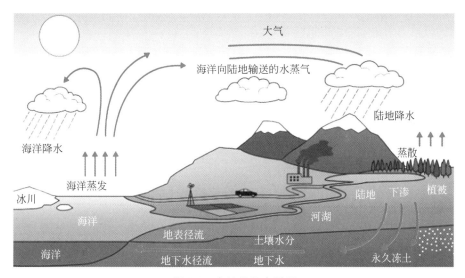

图1-1 自然界的水循环

1.2.1 水从哪里来

建筑物中的水需要经过处理,利用管道设备输送到千家万户。生活中使用的自来水输送过程为:水源→取水构筑物→自来水厂→城镇给水(也称市政给水)管道→小区给水管道→建筑给水管道→用水点。

1. 水源

建筑用水的水源都是天然水,主要为地面水和地下水。

1) 地面水

地面水指江河、湖泊、水库和海洋水。

江河水的含盐量和硬度较低,水中的悬浮物和杂质较多,水质受环境影响较大。湖泊及水库水透明度较低、水生物较多,湖水含盐量比江河水高,咸水湖的水不宜生活饮用。海水含盐量特别高,海水淡化成本较高,一般不作为生活饮用水源,只作为工业冷却用水。

2）地下水

地下水指埋藏在地表以下的水。地下水的水质清澈，不易受到外界环境和气温的影响，可作为生活饮用水和工业冷却水的水源。需要强调的是开采地下水必须经过相关部门的批准。

2. 取水构筑物

1）地面水的取水构筑物

地面水量充沛的城镇或企业，多以地面取水方式取水。常用的有岸边式取水构筑物和河床式取水构筑物。

2）地下水的取水构筑物

地下水的开采和收集通常以打井实现。因地下水的埋藏深度、水层厚度和补给条件不同，采用的方式有管井、大口井和沟渠等。

3. 自来水厂

自来水厂是具有一定的生产设备、能完成自来水整个生产过程、水质符合一般生产用水和生活用水要求的生产单位。

1）水处理

自来水厂的水处理大概包括以下几个步骤。

（1）澄清。通过混凝、沉淀、过滤，清除水中的悬浮物和胶体杂质，降低水的浑浊度。

（2）消毒。杀死水中的致病微生物，常用的是氯消毒法。

（3）除味。除去水中的异味，根据产生异味的来源选用不同的方法去除。

（4）软化。将硬水变为软水，常用离子交换法和药剂软化法。

除以上步骤外，还可根据水源情况和水质要求实施除铁、淡化、超滤等处理措施，视具体情况而定。

2）水输送

经处理达标的自来水，需要通过加压设备和管网输送到用户。

4. 管网

输送自来水的管道系统包括市政管网、小区管网和建筑中的供水管道。

5. 城镇给水系统中的工程设施

（1）取水构筑物：用来从选定的水源取水。

（2）水处理构筑物：将原水加以适当处理，以满足用户对水质的要求。

（3）泵站：用来将所需水量提升到要求的高度。有一级泵站、二级泵站之分。

（4）输配水管网：输水管包括原水输水管和清水输水管，其特点是沿线无出流。配水管网则是将清水输水管送来的水送到各个用水区的全部管道。

（5）调节构筑物：包括设在水厂的清水池和设在输配水管网中的高地水池、水塔等储水构筑物。

城镇给水系统中的工程设施如图1-2所示。

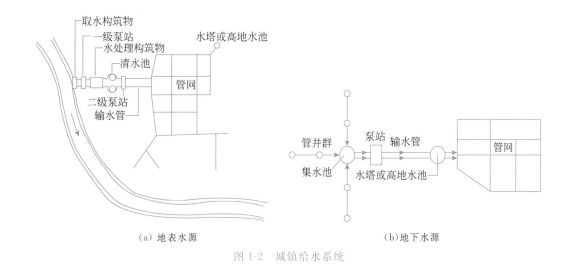

图 1-2　城镇给水系统

1.2.2　水往哪里去

建筑物的生活污废水、生产污废水、降落在建筑屋面的雨雪水,都需要排至室外。排水过程为:排水点→建筑排水管道→小区排水管道→城镇排水(也称市政排水)管道→污水处理厂(或河流湖泊等水体)。

1. 生活污废水

生活污水是指冲洗便器或用于卫生设备的排水,含有大量的有机物、虫卵和病菌等有害成分。此类污水必须经污水处理厂或处理站深度处理,达到《城镇污水处理厂污染物排放标准》(GB 18918—2002)后,才能排入附近地表水,或用于农田灌溉、城市杂用、工业用水等。

生活废水是指洗衣房、浴室、盥洗室、厨房、食堂等处卫生器具的洗涤废水。生活废水可用作中水系统的原水,经适当处理可用于冲洗厕所、浇洒绿地、冲洗汽车等。

2. 生产污废水

生产污水是指生产过程中因化学污染被改变了性质的水。此类水污染比较严重,需经特殊工艺处理达到排放标准后,方可回用或排放。例如含酚污水、酸碱污水等。

生产废水是指未直接参与生产工艺、未被污染或仅受到轻度污染或只是水温较高的水。此类废水经过简单处理即可循环使用。例如冷却废水、洗涤废水等。

3. 建筑雨水

降落到建筑物屋面上的雨水和雪水,特别是暴雨时,会在短时间内形成积水,可能造成屋面漏水或四处流溢,影响生活和生产,因此需要设置雨水排水系统,将雨水及时排到室外。

雨水相对比较干净,经简单处理即可实现冲厕、路面喷洒、绿化浇灌等功能,应充分考虑雨水的回收与利用。

4. 城镇污水排水系统的组成

(1) 建筑排水系统:目的是收集建筑污水,并将其排出至室外庭院或街区的污水管道。

（2）庭院或街区污水管道系统：敷设在庭院或街区内，任务是汇集和输送建筑排水系统排出的污水。

（3）城市排水管道系统：敷设于城市街道之下，用以汇集、输送各庭院或街区污水管道排出的污水。

（4）排水管道系统上的附属构筑物：有排水检查井、跌水井、倒虹吸管等。

（5）污水泵站及压力管道：污水一般以重力流排出，当受到地形等条件限制不能以重力流排放时，需设置污水泵站和压力管道。

（6）污水处理厂：是处理污水及污泥的一系列工艺构筑物与附属构筑物的综合体，一般设置在城市河流的下游地段。

（7）出水口及事故排出口：将处理后的污水排入水体的管渠和出口称为出水口。事故排出口是指设置在易于发生故障的组成部分前面的辅助性排水管渠和出口。

城镇排水系统示意图如图 1-3 所示。

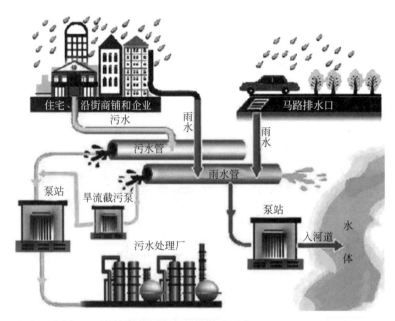

图 1-3　城镇排水系统

1.3　建筑中的给排水系统

建筑中的给排水系统需要为建筑物提供符合水质、水量、水压要求的生活用水、消防用水，为人们提供舒适的生活和安全保障，同时，还需要将人们在生活和生产过程中产生的污水、废水、雨水等，通过合适的方式，排出建筑物或采用合理的方式回收利用。

建筑中的给排水系统对保证建筑功能及安全至关重要。主要包括建筑生活给水系统、建筑消防给水系统、建筑热水系统、建筑排水系统、建筑雨水系统和建筑中水系统等。

1.3.1　建筑生活给水系统

建筑生活给水系统是将市政给水管网(或自备水源)中的水引入一幢建筑或一个建筑群体,供人们生活之用,并满足生活用水对水质、水量和水压要求的冷水供应系统。

1.3.2　建筑消防给水系统

建筑消防给水系统是现代建筑的重要组成部分,是保证建筑物消防安全和人员疏散安全的重要设施。建筑内部消防给水系统包括室内消火栓系统和自动喷淋灭火系统。

1.3.3　建筑热水系统

热水供应属于给水范畴,与冷水供应的区别是水温,除了水质、水量和水压的要求外,还必须满足用水点对水温的要求。因此,建筑热水系统除了给水系统的管道、器具、设备外,还要有热供应系统,如热源、加热系统等。

1.3.4　建筑排水系统

建筑内部排水系统的主要任务是接纳、汇集建筑物内各种卫生器具和用水设备排放的污水、废水,在满足排放的条件下,排入室外污废水管网。

1.3.5　建筑雨水系统

建筑物屋面的雨水、雪水,需要设置雨水排水系统,有组织、有计划地排到室外地面或雨水管渠。

1.3.6　建筑中水系统

建筑中水系统是指民用建筑物或小区内使用后的各种排水,如生活排水、冷却水和雨水等经过适当处理后,用于建筑物或小区厕所冲洗便器、绿化、洗车、道路浇洒、空调冷却及水景等。中水为非饮用水,其水质介于给水和排水之间。

1.4　建筑给水排水工程设计

建筑给水排水工程设计是为工业和民用建筑提供必需的生产条件和舒适、卫生、安全的生活环境的必要工作,设计有3种类型:新建工程设计、原有工程改扩建设计和局部修建设计。

1.4.1 建筑给水排水工程设计所需资料

齐全、准确的资料是进行设计工作的前提,进行建筑给水排水工程设计,需要提前准备以下资料。

(1) 设计任务资料。包括项目概况、设计内容和范围等。

(2) 给水排水现状资料。包括建筑周围市政给水、排水管道情况,管道管径、可利用水压、埋设深度等。

(3) 建筑专业图纸。包括总平面图、楼层平面图、剖面图、立面图等。

1.4.2 建筑给水排水工程的设计内容

根据建筑项目情况和设计任务书要求,建筑给水排水工程的设计内容包括:

(1) 建筑生活给水系统,含冷水和热水系统(如有热水需求);

(2) 建筑消防给水系统,含消火栓系统和自动喷水灭火系统(根据建筑类别、项目情况、防火规范确定是否需要设置消火栓系统和喷淋系统);

(3) 建筑灭火器配置系统;

(4) 建筑排水系统;

(5) 建筑雨水系统、空调冷凝水系统(如有);

(6) 建筑中水系统(如有需求)等。

1.4.3 建筑给水排水工程的设计步骤

(1) 根据工程项目情况和设计要求,确定给排水工程设计内容和范围。

(2) 根据设计资料和相关规范、标准要求,综合考虑给水、排水、消火栓、喷淋等系统的设计方案并分别进行比选,确定合适方案。

(3) 初步绘制管道平面图和系统图,内容包括:

① 在建筑图上布置给排水立管,布置给水干管;

② 在建筑图上,从给水立管引水到各用水点,从各排水点将排水引至排水立管;

③ 在建筑图上布置消防立管、消火栓箱、水平干管,连接消火栓的管道、连接消防水箱、水泵接合器、消防水泵出水管等,同步布置灭火器;

④ 在建筑图上布置喷淋立管、喷头、末端试水管等,连接管道;

⑤ 初步绘制系统图。

(4) 确定最不利点。包括最不利配水点、最不利点消火栓、最不利点喷头。

(5) 绘制计算简图,确定计算管路,进行管段编号并确定管段流量。

(6) 进行各系统管道的水力计算。

① 给水管网水力计算。包括设计秒流量计算、最不利环路的确定及水力计算、次不利环路及水力计算、系统的总水压计算。

② 消火栓给水系统水力计算。包括最不利点消火栓所需压力和实际射流量、消火栓保护半径、室内消火栓系统的水力计算、消防水池和消防水箱的设置与计算。

③ 喷淋系统水力计算。包括最不利点喷头所需压力和实际喷头流量、喷淋系统所需压力计算、消防水池容积、水泵扬程的计算等。

④ 排水管网的水力计算。包括排水管道水力计算、排水附件的选择、化粪池计算。

（7）绘制给水、排水和消防管网系统图，绘制给水、排水详图。

（8）整理图纸，统计材料表，编写设计说明和图纸目录。

1.4.4　建筑给水排水工程设计的其他要求

建筑给水排水工程是建筑的一部分，在设计时还需要考虑与其他专业和部门的配合。

1. 与其他专业的协调

建筑工程设计是以建筑专业为主导，结构、给排水、暖通、电气专业间相互沟通、协同合作的过程。给排水工程设计时，与其他专业的协调有以下几个方面。

（1）向建筑专业提供水池和水箱的位置、容积和工艺尺寸要求，给水设备用房面积和高度要求，管道井位置和平面尺寸要求。

（2）向结构专业提供水池、水箱的具体工艺尺寸，预留孔洞位置及尺寸，预埋套管，预留设备基础和设备间荷载。

（3）向电气专业提供消防设备、生活水泵的用电量和控制要求，协调电器设备上方不允许布置或穿越存在滴漏可能的水管。

（4）与暖通专业协调管线的交叉走向，为采暖、空调设备预留用水点和排水排放点。

2. 与建设地相关部门的协调

建筑给水排水设计还需考虑建设工程项目所在地的地方性规定和要求，主要有以下几点。

（1）环保部门。例如，化粪池的设置与选型要求。

（2）卫生防疫部门。例如，生活给水管道、饮用水管道、水箱、设备的材质要求。

（3）消防部门。例如，对消火栓或喷淋系统布置要求的地方性标准。

1.5　建筑给水排水工程施工

建筑给水排水工程施工，是依据施工图纸和施工验收规范的要求及质量标准，按照一定的安装程序，将建筑内的给排水系统管道和设备安装到位，并进行必要的检查和验收的过程，是确保建筑内给排水系统可以正常工作的关键。

1.5.1　建筑内给水排水工程的分部工程

建筑室内的给水排水工程的施工，包含以下子分部工程。

（1）室内给水系统。包括给水管道及配件安装，室内消火栓系统安装，喷淋系统安装，给水设备安装，管道防腐、绝热，管道冲洗、消毒，试验与调试等。

（2）室内排水系统。排水管道及配件安装、雨水管道及配件安装、试验与调试等。

（3）室内热水供应系统。管道及配件安装，辅助设备安装，防腐、绝热等。

（4）卫生器具安装。卫生器具安装、卫生器具给水配件安装、卫生器具排水管道安装。

1.5.2　建筑内给水排水工程的施工工艺流程

1. 室内给水系统施工工艺流程

安装准备→配合土建预留、预埋→管道支架制作安装→管道预制加工→管道安装（干管→立管→支管）→压力试验→防腐绝热→冲洗消毒→通水验收。

此外，根据图纸室内给水系统还要进行水表、阀门、水泵、水箱的安装。

2. 室内排水系统施工工艺流程

施工准备→配合土建预留、预埋→管道支架制作安装→管道预制加工→管道安装→封口堵洞→灌水试验→通球试验→通水验收。

3. 室内消火栓系统施工工艺流程

施工准备→消防水泵安装→干管、立管安装→消火栓及支管安装→消防水箱和水泵接合器安装→管道试压→管道冲洗→消火栓配件安装→系统通水调试。

4. 自动喷水灭火系统施工工艺流程

施工准备→干管安装→报警阀安装→立管安装→分层干管、支管安装→喷洒头支管安装与调试→管道冲洗→减压装置安装→报警阀配件及其他组件安装→喷洒头安装→系统通水调试。

小　结

本学习情境主要介绍了水的性质、水质及水质标准；水的循环过程及水处理的工程设施；建筑中的给排水系统及其组成；建筑给水排水工程的设计内容及步骤；建筑给水排水工程施工的内容及工艺流程。

学习笔记

复习思考题

1. 水的密度有什么特殊性？对管道设备有怎样的影响？

2. 水的比热是多少？为何采暖系统广泛以水作为热媒？

3. 水经过哪些过程进入千家万户？

4. 建筑中的水使用后都去哪里了？

5. 建筑中的给排水系统有哪些？

6. 建筑给水排水工程的设计内容是什么？

7. 建筑给水排水工程的设计步骤是怎样的？

8. 建筑给水排水工程有哪些分项工程？

实践任务：调研建筑中的水系统

3人为一组，选择一栋建筑，调研该建筑中有哪些给排水系统。

调 研 报 告

学习情境 2　生活给水系统

学习目标

1. 掌握生活给水系统的设计方法；
2. 能确定建筑物给水方式，绘制给水方案图；
3. 会进行给水管道系统水力计算；
4. 熟悉管道材料、管件、阀门、水表的选用；
5. 熟悉生活给水系统安装的基本要求。

学习内容

1. 生活给水系统的组成；
2. 给水方式；
3. 管材、附件及给水设备；
4. 给水管道尺寸确定；
5. 水压计算与校核；
6. 给水系统安装。

2.1　生活给水系统的组成

生活给水系统的任务就是将自来水或自备水源的水送到建筑物室内的所有用水点，并满足各用水点对水量、水压、水质的要求。

2.1.1　生活给水系统的组成

建筑生活给水系统一般由以下部分组成：引入管，水表节点，给水管道，给水附件，增压、储水设备，给水局部处理设施等，见图 2-1。

1. 引入管

引入管又称进户管，是市政给水管网和建筑内部给水管网之间的连接管道，从市政给水管网引水至建筑内部给水管网。

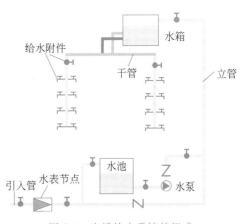

图 2-1　生活给水系统的组成

2. 水表节点

水表节点是指引入管上装设的水表及其前后设置的阀门与泄水装置等的总称。水表用来计量建筑物的总用水量,阀门用于水表检修、更换时关闭管路,泄水阀用于系统检修时排空管内存水,止回阀用于防止水流倒流。

3. 给水管道

给水管道是指建筑内给水水平干管、立管和支管,其中支管有横支管和分支管。

给水干管将水输送到建筑内部用水部位,给水立管将水输送到建筑各楼层,给水支管将水输送到各用水点。

4. 给水附件

给水附件包括控制附件和配水附件。

控制附件是指安装在给水管路上的各种阀门;配水附件是指安装在给水管路上的各式水龙头。

5. 增压、储水设备

当室外给水管网的水压、水量不能满足建筑给水要求时,或建筑要求供水压力稳定、确保供水安全可靠时,应根据需要在给水系统中设置水泵、气压装置等增压设备和水池、水箱等储水设备。

6. 给水局部处理设施

当有些建筑对给水水质要求很高,超出生活饮用水卫生标准或其他原因造成水质不能满足要求时,需要设置一些设备、构筑物进行给水深度处理。

2.1.2　生活给水系统设计内容

从建筑生活给水系统的组成部分可以看出,要确保建筑内各用水点的安全可靠性,就需要对给水管道系统进行设计,主要包括以下内容。

1. 确定给水方式

人们的生活离不开水。城市自来水能否满足所有用水点任意时刻对水量、水压的要求? 是否需要加压供水? 这个过程就是确定给水方式,也就是供水方案。

2. 选择管道材料

可以用于给水管道的材料有很多种,不同管材,水在其中流动产生的压力损失也不一样。在进行水力计算、确定水管的管径前,需要先选择管道材料。同时还需要为给水系统选配相应的管道配件、水表等。

3. 计算管道尺寸

不同性质的建筑、不同种类的用水器具,用水量都有各自的使用规律和特点,在计算出各管段的设计秒流量之后,再根据生活给水系统对水流速度的规定,即可计算出各管段的管径尺寸。

4. 水压计算与校核

进行水力计算,确定各计算管段的水头损失,再计算出给水管网所需的水压,与室外管网的供水压力进行比较,确认或修正供水方案。需要加压的系统,还需要进行水泵、水箱等加压或储水设备的选型计算和尺寸确定。

5. 绘制施工图纸

绘制给水平面图、系统图、大样图,标注尺寸;编制设计施工说明;统计设备材料表。

2.2　给水方式

建筑给水系统的给水方式也就是室内给水系统的供水方案。在确定给水方式时,应根据建筑项目的自身特点及用水要求、室外供水管网能提供的条件等因素,充分考虑节能节水要求和经济性,选择合理的供水方案。

2.2.1　给水方式的基本类型

微课:给水方式
的选择

民用建筑按照高度和层数,可分为单层建筑、多层建筑和高层建筑。其中高层建筑是指 10 层及 10 层以上或建筑高度大于 28m 的住宅建筑以及建筑高度大于 24m 的公共建筑。给水方式有以下几种类型。

1. 直接给水方式

适用条件:当室外给水管网的水量、水压在任何时间都能满足室内用水要求时,采用直接给水方式(图 2-2)。

优点:简单经济、施工方便,容易维护管理;充分利用外网水压,节约能源。

缺点:无储备水量,外网停水时立即断水。

2. 单设水箱的给水方式

当室外管网的水压周期性变化大,一天中大部分时间都能满足室内用水要求,只有在用水高峰时,短时间无法满足建筑物上层用水要求时,可采用单设水箱的给水方式。

单设水箱的给水方式有以下两种情况。

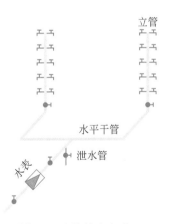

图 2-2　直接给水方式

1) 外网水压偏高或不稳定

适用条件:室外给水管网供水水压周期性变化大,外网水压偏高或不稳定,建筑物要求水压稳定并允许设置高位水箱(图 2-3(a))。

优点:供水可靠,水压稳定,解决了较高用户高峰用水问题。

缺点:水箱易造成水质二次污染。

2) 外网的水压周期性不足

适用条件:室外给水管网供水水压周期性不足,建筑物允许设置高位水箱,低峰时由外网直接供水,水箱储水;高峰时由水箱补水(图 2-3(b))。

优点:供水可靠;进出水管共用一根,节省管材;充分利用外网水压,水箱体积相对较小。

缺点:水箱易造成水质二次污染;浮球阀易坏。

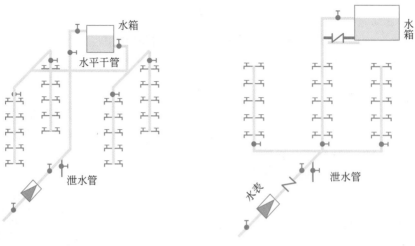

(a) 外网水压偏高或不稳定   (b) 外网水压周期性不足

图 2-3 单设水箱给水方式

3. 设水泵的给水方式

当一天中室外给水管网的水压大部分时间都不能满足室内给水管网所需的水压,而且建筑不允许设高位水箱时,可采用设水泵的给水方式。

设水泵的给水方式也有两种情况。

1) 允许直接从外网抽水

适用条件:室外给水管网的水压经常不足且用水较均匀时采用。为了充分利用室外管网的压力,当水泵与室外管网直接连接时,应设旁通管(图 2-4(a))。

优点:可利用外网水压;无水池,无二次污染。

缺点:供水可靠性差,停电即停水;有水泵能耗;需要管理。

2) 不允许直接从外网抽水

适用条件:水压经常不足,用水较均匀,且不允许直接从管网抽水时采用(图 2-4(b))。

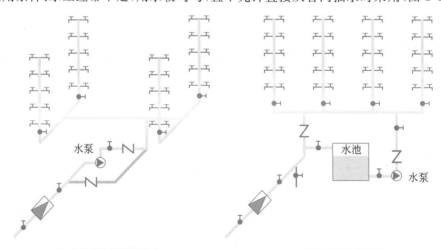

(a) 允许直接从外网抽水   (b) 不允许直接从外网抽水

图 2-4 设水泵给水方式

优点:系统简单,无高位水箱。

缺点:耗能多;需要管理。

4. 水泵、水箱联合给水方式

适用条件:室外给水管网水压经常不足,且室内用水不均匀,同时,建筑允许设置高位水箱时采用(图2-5)。

优点:供水可靠,压力稳定,水泵启动次数少,效率高,寿命长,设备及运营费用相对较低。

缺点:水箱占用建筑面积;增加了建筑结构的复杂性;水质较易被污染。

5. 气压给水方式

适用条件:外网水压经常不足;用水压力允许有一定波动;不宜设置高位水箱的建筑(图2-6)。

优点:灵活机动,便于安拆;水质好;基建投资较省;便于集中管理,较易实现自动控制。

缺点:压力不稳定;调节容积小,供水可靠性差;运行费用高,水泵寿命短。

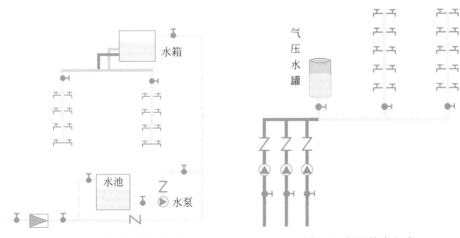

图 2-5　水泵、水箱联合给水方式　　　　图 2-6　气压给水方式

6. 分区给水方式

适用条件:对于比较高的建筑物,室外给水管网的水压只能供到建筑物下面几层,为充分有效利用外网水压,此类建筑应采用竖向分区给水方式(图2-7)。

优点:可以充分利用外网压力,供水安全。

缺点:投资较大;维护复杂。

图2-7中,室外给水管水压线以下楼层为低区,由室外管网直接供水;水压线以上为高区,由水泵和水箱联合供水或由水泵供水。

合理进行分区至关重要。给水系统竖向分区压力值取决于建筑物的使用要求、材料设备的承压能力和从业人员的维修管理能力等因素。

分区给水方式有以下几种类型。

1) 水泵并联分区给水

适用条件:适用于高度不足100m的高层建筑。分区并联给水时,各区分别设水泵从水池抽水,通常采用变频调速水泵(图2-8)。

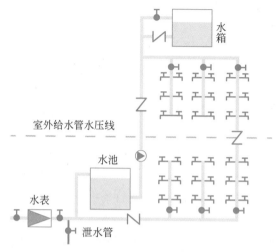

图 2-7 分区供水的给水方式

优点:供水安全可靠,即使水泵出现故障,也不会造成全楼停水。

缺点:水泵数量多,管材消耗多,造价高。

2)水泵串联分区给水

适用条件:适用于高度超过 100m 的高层建筑,楼层中设置泵房。各区水泵从下一区抽水,通常采用变频调速水泵(图 2-9)。

优点:水泵工作效率高,能耗低;管道总需求量少,节约投资。

缺点:设备层多,占建筑空间,管理困难;供水可靠性差,上区用水受下区限制。

3)减压阀减压分区给水方式

适用条件:适用于高度不超过 100m 的高层建筑,水泵选型以能将水送至最高处为原则,以下各区用减压阀减压供水(图 2-10)。

优点:水泵数量少;管道总需求量少。

缺点:管道材质及接口要求高;减压阀必须有备用;当水泵出现故障时,会造成全楼停水;送到高处再减压,造成能量浪费。

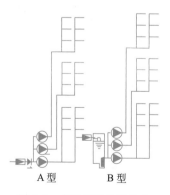

图 2-8 水泵并联分区给水

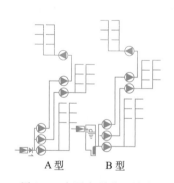

图 2-9 水泵串联分区给水

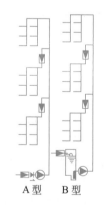

图 2-10 减压阀减压分区给水

7. 分质给水方式

分质给水是指以自来水为原水,将生活用水与直接饮用水分开,分设管网,直通住户,实现饮用水和生活用水分质、分流,达到直饮的目的,并满足优质优用、低质低用的要求。

分质给水是在使用地设净水站,将自来水进一步深度处理、加工和净化,在原有的自来水管道系统上,再增设一条独立的优质给水管道,将水输送至用户,供居民直接饮用。

管道分质直饮水是城市供水系统的延伸和补充,可以为使用者提供优质饮用水,其特点是省去了运输和搬运,用户可随时打开水龙头使用。目前,很多宾馆、超市、公园、车站、高端居民小区均有直饮水供应。

2.2.2　给水方式的确定

微课:建筑给水系统所需水压

给水方案不仅关系到建筑内用水的安全可靠性,也涉及初投资和运行费,需要综合各项因素进行合理选择。

1. 建筑给水系统所需水压

建筑内部给水系统所需水压应满足系统中最不利配水点需要的压力,并保证有足够的流出水头。最不利配水点一般指最高、最远或流出水头最大的配水点。

建筑给水系统所需水压计算公式为

$$H_x = H_1 + H_2 + H_3 + H_4 + H_5 \tag{2-1}$$

式中:H_x——建筑给水系统所需水压,kPa;

H_1——引入管至最不利配水点的高度所需水压,kPa;

H_2——水在管道中流动产生的水头损失,kPa;

H_3——水表节点水头损失,kPa;

H_4——最不利配水点的工作压力,kPa;见表2-1。

H_5——富裕水头,kPa。考虑各种不可预见因素所留余地,一般按20kPa计算。

建筑给水系统所需水压示意如图2-11所示。

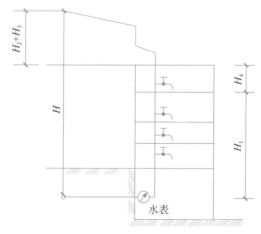

图2-11　建筑给水系统所需水压

表 2-1　卫生器具的给水额定流量、当量、连接管公称管径和工作压力

序号	给水配件名称		额定流量/(L/s)	当　量	连接管公称管径/mm	最低工作压力/MPa
1	洗涤盆、拖布盆、盥洗槽	单阀水嘴 单阀水嘴 混合水嘴	0.15～0.20 0.30～0.40 0.15～0.20(0.14)	0.75～1.00 1.50～2.00 0.75～1.00(0.70)	15 20 15	0.100
2	洗脸盆	单阀水嘴 混合水嘴	0.15 0.15(0.10)	0.75 0.75(0.50)	15 15	0.100
3	洗手盆	感应水嘴 混合水嘴	0.10 0.15(0.10)	0.50 0.75(0.50)	15 15	0.100
4	浴盆	单阀水嘴 混合水嘴（含带淋浴转换器）	0.20 0.24(0.20)	1.00 1.20(1.00)	15 15	0.100
5	淋浴器	混合阀	0.15(0.10)	0.75(0.50)	15	0.100～0.200
6	大便器	冲洗水箱浮球阀 延时自闭式冲洗阀	0.10 1.20	0.50 6.00	15 25	0.050 0.100～0.150
7	小便器	手动或自动自闭式冲洗阀 自动冲洗水箱进水阀	0.10 0.10	0.50 0.50	15 15	0.050 0.020
8	小便槽穿孔冲洗管（每 m 长）		0.05	0.25	15～20	0.015
9	净身盆冲洗水嘴		0.10(0.07)	0.50(0.35)	15	0.100
10	医院倒便器		0.20	1.00	15	0.100
11	实验室化验水嘴（鹅颈）	单联 双联 三联	0.07 0.15 0.20	0.35 0.75 1.00	15 15 15	0.020
12	饮水器喷嘴		0.05	0.25	15	0.050
13	洒水栓		0.40 0.70	2.00 3.50	20 25	0.050～0.100
14	室内地面冲洗水嘴		0.20	1.00	15	0.100
15	家用洗衣机水嘴		0.20	1.00	15	0.100

注：① 表中括弧内的数值是在有热水供应时，单独计算冷水或热水时使用。

② 当浴盆上附设淋浴器或混合水嘴有淋浴器转换开关时，其额定流量和当量只计水嘴，不计淋浴器，但水压应按淋浴器计。

③ 家用燃气热水器所需水压按产品要求和热水供应系统最不利配水点所需工作压力确定。

④ 绿地的自动喷灌应按产品要求设计。

2. 建筑给水压力估算

在初步确定给水方式时，对层高不超过 3.5m 的民用建筑，室内给水系统所需的压力 H_x（自室外地面算起）可按下述经验法进行估算：

一层($n=1$)为 100kPa；

二层($n=2$)为 120kPa；

三层以上每增高一层,增加 40kPa,即

$$H_x = 120 + 40 \times (n-2) \tag{2-2}$$

式中:n 为层数,$n > 2$。

在建筑给水排水工程中,经常用扬程表示水泵压力,其换算关系如下:

$$100\text{kPa} = 0.1\text{MPa} = 10\text{m}$$

3. 给水方式的确定

确定给水方式时,首先应将室内给水系统所需水压 H_x 与室外管网的供水压力 H_g 进行对比,再综合考虑工程涉及的各项因素(技术因素、经济因素、社会因素和环境因素),选择合理的供水方案。

室外管网的供水压力 H_g 与室内给水系统所需水压 H_x 之间的关系有以下 3 种情况:

(1) H_g 远大于 H_x;

(2) H_g 等于或稍大于 H_x;

(3) H_g 小于 H_x。

确定给水方式应遵循以下原则。

(1) 系统简单;

(2) 管道输送距离短;

(3) 降低工程费用及运行管理费用;

(4) 充分利用城市管网水压;

(5) 供水安全可靠,管理维修方便;

(6) 对于竖向分区供水,还应注意以下 3 点。

① 生活给水系统的卫生器具,给水配件承受的最大工作压力不得大于 0.6MPa。

② 各分区最低卫生器具配水点静压力不宜大于 0.45MPa(特殊情况不宜大于0.55MPa),水压大于 0.35MPa 的入户管(或配水横管),宜设减压或调压设施。

③ 各分区最不利配水点的水压应满足用水水压要求。

2.2.3 确定给水方式实例

【例 2-1】 确定是否需要加压。

一栋 6 层居住建筑,层高 3m,试估算所需要供水压力。另外,城市管网压力为 300kPa,是否需要另设加压设备?

【解】 根据式(2-2)进行水压估算,该住宅楼室内给水系统所需的压力 H_x 为

$$H_x = 120 + 40 \times (n-2) = 120 + 40 \times (6-4)$$
$$= 280(\text{kPa}) < 300\text{kPa}$$

因此,系统所需要压力小于城市管网压力,可以不另设加压设备。

【例2-2】 确定给水方式。

某8层商业建筑,底层高5.4m,第2~4层高4.8m,其余各层高4.2m。市政管网压力为0.28MPa。试设计合理的给水方式,绘制系统简图,并简要说明理由。

【解】 根据供水压力估算方法,层高不超过3.5m的民用建筑 $H_x = 120 + 40 \times (n-2)$ kPa。已知市政供水压力 $H_g = 280$kPa,$n = (280-120) \div 40 + 2 = 6$;那么,供水高度为 $3.5 \times 6 = 21$(m)。对于本项目1~4层高度为19.8m,1~5层高度为24m,故外网压力不够,只够1~4层高度的供水。所以,可采用的供水方式为分区供水模式:1~4层采用直接供水方式;5~8层采用水泵加压供水方式。

5~8层高度为16.8m,静水压力不超过0.6MPa,故上部不用再分区,所以整个建筑的给水系统分为两个区。系统原理图如图2-12所示。

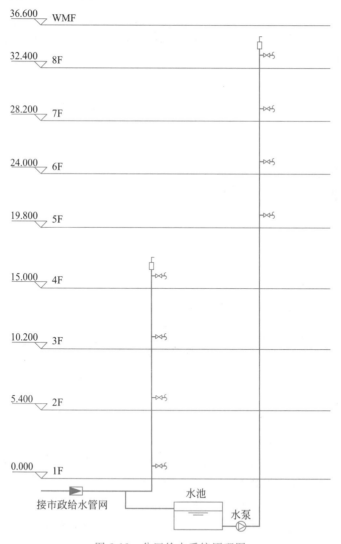

图2-12 分区给水系统原理图

2.3 管材、附件及给水设备

管道系统是建筑内部给水系统的重要组成部分。在进行管道尺寸计算前,需要先确定给水管道的管材。

2.3.1 室内给水管道的管材、管件及附件

1. 室内给水管材

室内生活给水管道的材料,应满足安全可靠性、卫生性、经济性、可持续发展性与环保性。室内给水管常用管材有金属管、塑料管和复合管几种(图 2-13)。

<table>
<tr><td>无缝钢管</td><td>焊接钢管</td><td>铜管</td></tr>
<tr><td>塑料管</td><td>钢塑复合管</td><td>球墨铸铁管</td></tr>
</table>

图 2-13 常用给水管材

1) 金属管材

用于生活给水系统的金属管材有薄壁不锈钢管和铜管。

(1) 薄壁不锈钢管。通常用于热水系统,其特点是耐腐蚀、耐磨损、耐高温、热传导率低,管内壁光洁、压力损失小,使用寿命长。

薄壁不锈钢管的规格用公称直径 DN 表示,连接方式为卡压式连接。

(2) 铜及铜合金管。铜管主要用于给水、热水输送,其特点是卫生、能杀菌,经久耐用,美观实用,内管直径大。

铜管的规格用外径×壁厚($D×s$)表示,连接方式有焊接、螺纹、卡压式连接。

2) 塑料管材

用于生活给水系统的塑料管材有 PP-R 管、PB 管、PEX 管等。

(1) PP-R 管又称三丙聚丙烯管、无规共聚聚丙烯管,具有卫生无毒、耐热保温性能好、

耐腐蚀、内壁光滑不结垢、施工和维修简便、使用寿命长等优点,广泛应用于冷热水管道,还可用于纯净饮用水系统。

(2) PB 管即聚丁烯管,具有很高的耐温性、持久性、化学稳定性和可塑性,无味、无臭、无毒。可用于给水、热水、直饮水工程管道。

(3) PEX 管即交联聚乙烯管,具有很好的耐热性、化学稳定性和持久性,同时又无毒无味,可广泛应用于生活给水和低温热水系统中。

塑料管的规格用公称外径×壁厚(De×e)表示,连接方式有热熔、法兰螺纹连接。

3) 复合管材

复合管一般以金属管材为基础,内、外通过黏合层胶合聚乙烯、交联聚乙烯等非金属材料成型。常用于生活给水系统的复合管材有铝塑复合管、钢塑复合管、涂塑钢管、薄壁不锈钢复合管等。

(1) 铝塑复合管。铝塑复合管以焊接铝管为中间层,内外均为聚乙烯塑料,既有足够的强度,又有较好的保温性能和耐腐蚀性能。常用于工业及民用建筑中冷热水、燃气的输送。

铝塑复合管可采用卡套式和卡压式两种连接方式。

(2) 钢塑复合管。钢塑复合管兼备了金属管材的强度高、耐高压、能承受较强的外来冲击力和塑料管材的耐腐蚀、不结垢、导热系数低、流体阻力小等优点。

钢塑复合管可采用沟槽式、法兰式或螺纹式 3 种连接方式。

2. 室内给水管道的管件和附件

管件是指在管道中承担连接、变径、转向、分支等作用的零件。各种材质的管道应采用与该管材相应的专用管件。

附件在给水系统中起调节水量、水压,控制水流方向和通断水流等作用,分为配水附件、控制附件和其他附件 3 类。

微课:建筑给水系统中的附件

1) 管件

常用管件类型有三通、四通、管箍、管堵等。常用 PP-R 管件见图 2-14,螺纹连接的钢管连接管件见图 2-15。

三通　　四通　　90°弯头　　45°弯头　　异径弯头

管堵　　活接头　　直通　　异径直通　　U 形弯头

图 2-14　常用 PP-R 管件

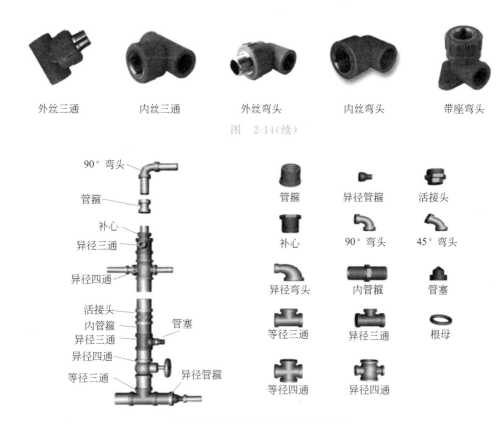

外丝三通 内丝三通 外丝弯头 内丝弯头 带座弯头

图 2-14(续)

90°弯头 管箍 异径管箍 活接头
管箍
补心 补心 90°弯头 45°弯头
异径三通
异径四通 异径弯头 内管箍 管塞
活接头
内管箍 管塞 等径三通 异径三通 根母
异径三通
异径四通
等径三通 异径管箍 等径四通 异径四通

图 2-15 螺纹连接的钢管连接管件

2）配水附件

配水附件是指为各类卫生洁具或受水器分配、调节水流的各式水龙头，是使用最为频繁的管道附件。产品应符合节水、耐用、通断灵活、美观等要求。

常用龙头形式见图 2-16。

旋启式水龙头 陶瓷芯片水龙头 皮带水龙头 旋塞式水龙头

延时自闭水龙头 混合水龙头 自动控制水龙头 长颈水龙头

图 2-16 常用水龙头

3）控制附件

控制附件是用于调节水量、水压，关断水流，控制水流方向、水位的各式阀门。控制附件应符合性能稳定、操作方便、便于自动控制、精度高等要求。常用的阀门有闸阀、截止阀、球阀、蝶阀、止回阀、减压阀、浮球阀、安全阀等。各类阀门见图 2-17。

闸阀　　　　截止阀　　　　球阀　　　　蝶阀　　　旋启式止回阀

升降式止回阀　　消声止回阀　　　缓闭止回阀　　　浮球阀

图 2-17　各类阀门

4）其他附件

在给水系统中经常需要安装一些保障系统正常运行、延长设备使用寿命和改善系统工作性能的附件，如过滤器、倒流防止器、水锤消除器、排气阀、橡胶接头、伸缩器等。

3. 水表

水表是用于计量用户累计用水量的仪表。建筑给水系统中广泛采用的是流速式水表，通常设置在建筑物的引入管、住宅和公寓建筑的分户配水支管、公用建筑物内需要计量的水管上。

1）水表的类型

流速式水表按翼轮构造不同可分为旋翼式、螺翼式和复式 3 种。旋翼式水表的翼轮转轴与水流方向垂直，它的阻力较大，多为小口径水表，宜用于测量小的流量；螺翼式水表的翼轮转轴与水流方向平行，它的阻力较小，为大口径水表，宜用于测量较大的流量；复式水表是旋翼式和螺翼式的组合型式。

水表按水流方向不同可分为立式和水平式两种；按适用介质温度不同可分为冷水表和热水表两种。随着现代技术的发展，远传式水表、IC 卡智能水表已经得到广泛应用。常用水表类型见图 2-18。

2）水表的选用

选用水表应综合考虑用水量及其变化幅度、水质、水温、水压、水流方向、管道口径、安装场所等因素，经过比较后确定。一般管径≤50mm 时，应采用旋翼式水表；管径＞50mm时，应采用螺翼式水表；当流量变化幅度很大时，应采用复式水表；当水温≤40℃时，选用冷水表；当水温＞40℃时，选用热水表。

旋翼式水表　　　螺翼式水表　　　远传式水表　　　IC 卡智能水表

图 2-18　常用水表类型

2.3.2　室内给水系统中的增压储水设备

在室外给水管网压力不足或建筑内部要求供水稳定可靠时,需设置水泵、气压装置等增压设备和水箱、水池等储水设备。

1. 水泵

当建筑内部给水系统不能满足最不利配水点所需的最低工作压力时,给水系统必须增压,水泵是给水系统中的主要增压设备。离心式水泵具有结构简单、体积小、效率高、运转平稳等优点,在建筑给水中得到了广泛应用。

选择水泵的主要依据是给水系统所需要的水量和水压。

生活给水加压水泵长期不停工作,水泵效率对节约能耗、降低运行费用起着关键的作用,因此应该选择效率较高的水泵。生活加压给水系统的水泵机组应设备用泵,备用泵的供水能力不应小于最大一台运行水泵的供水能力。水泵宜自动切换交替运行。

1)水泵流量

(1)建筑物采用高位水箱调节的生活给水系统,水泵的最大出水量不应小于最大小时用水量;

(2)生活给水系统采用调速泵组供水时,应按设计秒流量选泵。

2)水泵扬程

(1)水泵直接由室外管网抽水时,水泵总扬程为

$$H_b \geqslant H_1 + H_2 + H_3 + H_4 - H_0 \tag{2-3}$$

式中:H_b——从室外管网抽水时,水泵所需扬程,kPa;

H_1——引入管至最不利配水点的高度差,kPa;

H_2——水泵吸入管和压水管至最不利配水点管路的总水头损失,kPa;

H_3——水流通过水表时的水头损失,kPa;

H_4——最不利配水点所需的流出水头,kPa;

H_0——室外给水管网所能提供的最小压力,kPa。

(2)水泵从储水池抽水时,水泵总扬程为

$$H_b \geqslant H_1 + H_2 + H_4 \tag{2-4}$$

式中:H_b——从储水池抽水时,水泵所需扬程,kPa;

$\quad\quad H_1$——最不利配水点与储水池最低工作水位的静压差,kPa;

$\quad\quad H_2$——水泵吸入管和压水管至最不利配水点管路的总水头损失,kPa;

$\quad\quad H_4$——最不利配水点所需的流出水头,kPa。

2. 高位水箱

当建筑给水系统中需要增压、稳压、减压或者需要储存一定水量时,均应设置高位水箱。

1)水箱容积

生活调节水量一般按经验确定:单设水箱时,可取最高日用水量的 25%～50%;设有水泵和水箱时,取不小于最高日用水量的 5%。

2)水箱设置高度

水箱设置高度应满足最不利配水点的流出水头要求:

$$Z_x \geqslant Z_b + (H_c + H_s) \div 10 \tag{2-5}$$

式中:Z_x——水箱位置高度,m;

$\quad\quad Z_b$——最不利配水点的高度,m;

$\quad\quad H_c$——水头损失,kPa;

$\quad\quad H_s$——自由水头,kPa;

3)水箱配管

水箱配管包括进水管、出水管、溢流管、泄水管、通气管以及人孔装置,具体见图 2-19。

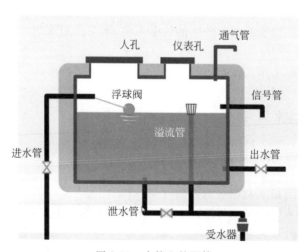

图 2-19　水箱上的配管

(1)进水管。市政管网直供进水,可设置浮球阀;水泵供水,应设置电动阀。进水管可从侧壁进,也可从顶部进。进水管标高应比水箱最高水位高 200mm。

(2)出水管。出水管宜与进水管在不同侧。出水管设置止回阀,出水管标高比最低水位高 50～100mm。

（3）溢流管。溢流管是为了保持液位迅速排除多余水的装置。溢流管上不允许设置阀门，管口包钢丝防虫网罩。溢流管管径宜比进水管大 1～2 级。

（4）泄水管。泄水管安装在水箱底部。泄水管必须设置阀门。泄水管管径一般比进水管小一级，至少不应小于 50mm。

（5）通气管。通气管是为了排出水箱内的水蒸气及有害气体。通气管管径≥50mm，高出水箱顶 0.5m。通气管管口应朝下并包钢丝防虫网罩。

（6）信号管。信号管可作为报警装置，避免水资源浪费。可在溢流管口（或内底）齐平处设信号管，一般自水箱侧壁接出，常用管径为 15mm。

（7）人孔。人孔应设在进水管附近，直径≥600mm。人孔应便于检查和维修，平时必须上锁。

2.3.3 选择管道材料实例

【例 2-3】 给水管道材料选择。

某学校教学楼，地上五层，建筑总高度为 19.2m，其中 1 层的层高为 4.0m，2～4 层的层高均为 3.8m，每层均设有公共卫生间。请确定给水系统管材。

【解】 （1）立管、干管的管材。基于教学楼实际情况，生活给水系统横干管、立管选用钢塑复合管。

（2）支管的管材。生活给水系统支管选用 PPR 管（PN1.25）。

2.4 给水管道尺寸确定

建筑给水管道的管径，取决于水流量和水流速的大小。在计算管道尺寸前，需要先绘制给水管道布置草图，计算水流量。

2.4.1 水量计算

生活用水量受很多因素影响，包括气候情况、建筑性质、卫生器具和用水设备的完善程度、使用者的生活习惯及水价高低等，一般是不均匀的。

1. 用水定额

用水定额是指用水对象单位时间内用水量的规定数值，是确定建筑物设计用水量的主要参数之一。用水定额一般根据现行规范取值，合理选择用水定额关系到给排水工程的投资和规模。数值偏高则用水量大、管径大，会增加投资，造成浪费；数值偏低则无法满足使用要求。

各类建筑的生活用水定额及小时变化系数见表 2-2 和表 2-3。

表 2-2 住宅生活用水定额及小时变化系数

住宅类别	卫生器具设置标准	最高日用水定额 /L·(人·d)⁻¹	平均日用水定额 /L·(人·d)⁻¹	最高日小时变化系数 K_h
普通住宅	有大便器、洗脸盆、洗涤盆、洗衣机、热水器和沐浴设备	130～300	50～200	2.8～2.3
普通住宅	有大便器、洗脸盆、洗涤盆、洗衣机、集中热水供应(或家用热水机组)和沐浴设备	180～320	60～230	2.5～2.0
别墅	有大便器、洗脸盆、洗涤盆、洗衣机、洒水栓、家用热水机组和沐浴设备	200～350	70～250	2.3～1.8

注:① 当地主管部门对住宅生活用水定额有具体规定时,应按当地规定执行。
② 别墅用水定额中含庭院绿化用水和汽车擦车用水,不含游泳池补充水。

表 2-3 公共建筑生活用水定额及小时变化系数

序号	建筑物名称		单 位	生活用水定额/L		使用时数/h	最高日小时变化系数 K_h
				最高日	平均日		
1	宿舍	居室内设卫生间	每人每日	150～200	130～160	24	3.0～2.5
		设公用盥洗卫生间		100～150	90～120		6.0～3.0
2	招待所、培训中心、普通旅馆	设公用卫生间、盥洗室	每人每日	50～100	40～80	24	3.0～2.5
		设公用卫生间、盥洗室、淋浴室		80～130	70～100		
		设公用卫生间、盥洗室、淋浴室、洗衣室		100～150	90～120		
		设单独卫生间、公用洗衣室		120～200	110～160		
3	酒店式公寓		每人每日	200～300	180～240	24	2.5～2.0
4	宾馆客房	旅客	每床位每日	250～400	220～320	24	2.5～2.0
		员工	每人每日	80～100	70～80	8～10	2.5～2.0
5	医院住院部	设公用卫生间、盥洗室	每床位每日	100～200	90～160	24	2.5～2.0
		设公用卫生间、盥洗室、淋浴室		150～250	130～200		
		设单独卫生间		250～400	220～320		
		医务人员	每人每班	150～250	130～200	8	2.0～1.5
	门诊部、诊疗所	病人	每病人每次	10～15	6～12	8～12	1.5～1.2
		医务人员	每人每班	80～100	60～80	8	2.5～2.0
	疗养院、休养所住房部		每床位每日	200～300	180～240	24	2.0～1.5

续表

序号	建筑物名称		单 位	生活用水定额/L		使用时数/h	最高日小时变化系数 K_h
				最高日	平均日		
6	养老院、托老所	全托	每人每日	100～150	90～120	24	2.5～2.0
		日托		50～80	40～60	10	2.0
7	幼儿园、托儿所	有住宿	每儿童每日	50～100	40～80	24	3.0～2.5
		无住宿		30～50	25～40	10	2.0
8	公共浴室	淋浴	每顾客每次	100	70～90	12	2.0～1.5
		浴盆、淋浴		120～150	120～150		
		桑拿浴(淋浴、按摩池)		150～200	130～160		
9	理发室、美容院		每顾客每次	40～100	35～80	12	2.0～1.5
10	洗衣房		每千克干衣	40～80	40～80	8	1.5～1.2
11	餐饮业	中餐酒楼	每顾客每次	40～60	35～50	10～12	1.5～1.2
		快餐店、职工及学生食堂		20～25	15～20	12～16	
		酒吧、咖啡馆、茶座、卡拉OK房		5～15	5～10	8～18	
12	商场	员工及顾客	每 m² 营业厅面积每日	5～8	4～6	12	1.5～1.2
13	办公	坐班制办公	每人每班	30～50	25～40	8～10	1.5～1.2
		公寓式办公	每人每日	130～300	120～250	10～24	2.5～1.8
		酒店式办公		250～400	220～320	24	2.0
14	科研楼	化学	每工作人员每日	460	370	8～10	2.0～1.5
		生物		310	250		
		物理		125	100		
		药剂调制		310	250		
15	图书馆	阅览者	每座位每次	25～30	15～25	8～10	1.5～1.2
		员工	每人每日	50	40		
16	书店	顾客	每 m² 营业厅每日	3～6	3～5	8～12	1.5～1.2
		员工	每人每班	30～50	27～40		
17	教学楼、实验楼	中小学校	每学生每日	20～40	15～35	8～9	1.5～1.2
		高等院校		40～50	35～40		
18	电影院、剧院	观众	每观众每场	3～5	3～5	3	1.5～1.2
		演职员	每人每场	40	35	4～6	2.5～2.0

序号	建筑物名称		单 位	生活用水定额/L		使用时数/h	最高日小时变化系数 K_h
				最高日	平均日		
19	健身中心		每人每次	30～50	25～40	8～12	1.5～1.2
20	体育场（馆）	运动员淋浴	每人每次	30～40	25～40	4	3.0～2.0
		观众	每人每场	3	3		1.2
21	会议厅		每座位每次	6～8	6～8	4	1.5～1.2
22	会展中心（展览馆、博物馆）	观众	每 m² 展厅每日	3～6	3～5	8～16	1.5～1.2
		员工	每人每班	30～50	27～40		
23	航站楼、客运站旅客		每人次	3～6	3～6	8～16	1.5～1.2
24	菜市场地面冲洗及保鲜用水		每 m² 每日	10～20	8～15	8～10	2.5～2.0
25	停车库地面冲洗用水		每 m² 每次	2～3	2～3	6～8	1.0

注：① 中等院校、兵营等宿舍设置公用卫生间和盥洗室，当用水时段集中时，最高日小时变化系数 K_h 宜取高值 6.0～4.0；其他类型宿舍设置公用卫生间和盥洗室，当用水时段集中时，最高日小时变化系数 K_h 宜取低值 3.5～3.0。

② 除注明外，均不含员工生活用水。员工最高日用水定额为每人每班 40～60L，平均日用水定额为每人每班 30～45L。

③ 大型超市的生鲜食品区按菜市场用水定额及小时变化系数选用。

④ 医疗建筑用水中已含医疗用水。

⑤ 空调用水应另计。

2. 最高日用水量、最大小时用水量、设计秒流量

1）最高日用水量

建筑物最高日用水量是确定给水系统规模和设备选型的重要参数。可按下式计算：

$$Q_d = m \cdot q_d \tag{2-6}$$

式中：Q_d——最高日用水量，L/d；

m——用水单位数，人或床位等，班人数；

q_d——最高日生活用水定额，L/(人·d)、L/(床·d)或 L/(人·班)等。

最高日用水量一般在确定储水池（箱）容积过程中使用。当资料不足或进行建筑小区规划设计和建筑物初步设计时，小区生活用储水池的有效容积可按最高日用水量的 15%～20% 确定；建筑物内生活储水箱的有效容积可按最高日用水量的 20%～25% 确定。

2）最大小时用水量

最大小时用水量是确定水源供水能力的重要参数，也是建筑设计的经济指标之一。可按下式计算：

$$Q_H = Q_d \cdot K_h \div T \tag{2-7}$$

式中：Q_H——最大小时用水量，L/h；

Q_d——最高日用水量，L/d；

K_h——最高日小时变化系数；

T——建筑物的用水时间,h/d。

最大小时用水量用于确定水泵流量和高位水箱容积等。当建筑物采用高位水箱调节生活给水系统时,水泵的最大出水量不应小于最大小时用水量;生活用水高位水箱的调节容积,不宜小于最大用水时水量的50%。

3)给水设计秒流量

生活给水管道的设计流量是指给水管网中所负担的卫生器具按最不利情况组合出流时的最大瞬时流量,又称为设计秒流量。它是确定各管段管径、计算管路水头损失,进而确定给水系统所需压力的主要依据。

无论建筑性质如何,室内用水都是通过各种配水龙头实现的。为了简化计算,将安装在污水盆上直径为15mm的配水龙头的额定流量0.2L/s作为一个当量,其他卫生器具的给水额定流量与它的比值,即为该卫生器具的给水当量。为保证卫生器能够满足使用要求,对各种卫生器具配水出口在单位时间内流出的规定水量、连接管的直径和最低工作压力进行了相应规定,具体见表2-1。

生活给水管网设计秒流量的计算方法,按建筑的性质及用水特点分为概率法、平方根法和经验法。

(1)住宅类建筑生活给水管道设计秒流量,按概率法进行计算。

根据住宅卫生器具给水当量、使用人数、用水定额、使用时数和小时变化系数,按式(2-8)计算最大用水时卫生器具给水当量平均出流概率:

$$U_0 = \frac{q_0 \times m \times K_h}{0.2 \times N_g \times T \times 3\,600} \times 100\% \tag{2-8}$$

式中:U_0——生活给水管道的最大用水时,卫生器具给水当量平均出流概率,%;

q_0——最高日生活用水定额,L/(人·d),按表2-2取用;

m——每户用水人数,人;

K_h——小时变化系数,按表2-2取用;

N_g——每户设置的卫生器具给水当量数;

T——用水时数,h;

0.2——1个卫生器具给水当量的额定流量,L/s。

根据计算管段上的卫生器具给水当量总数,按式(2-9)计算得出该管段的卫生器具给水当量的同时出流概率:

$$U = \frac{1 + \alpha_c (N_g - 1)^{0.49}}{\sqrt{N_g}} \times 100\% \tag{2-9}$$

式中:U——计算管段的卫生器具给水当量同时出流概率,%;

α_c——对应于不同U_0的系数,按表2-4取用;

N_g——计算管段的卫生器具给水当量总数。

表2-4　给水管段卫生器具给水当量同时出流概率计算系数 α_c

U_0/%	1.0	1.5	2.0	2.5	3.0	3.5	4.0	4.5	5.0	6.0	7.0	8.0
α_c	0.003 23	0.006 97	0.010 97	0.015 12	0.019 39	0.023 74	0.028 16	0.032 63	0.037 15	0.046 29	0.055 55	0.064 89

根据计算管段上的卫生器具给水当量同时出流概率,按式(2-10)计算得到管段的设计秒流量:

$$q_g = 0.2UN_g \tag{2-10}$$

式中:q_g——计算管段的设计秒流量,L/s。

有两条或两条以上具有不同最大用水时卫生器具给水当量平均出流概率的给水支管的给水干管,该管段的最大用水时卫生器具给水当量平均出流概率按式(2-11)计算:

$$\overline{U}_0 = \frac{\sum U_{0i} N_{gi}}{\sum N_{gi}} \tag{2-11}$$

式中:$\overline{U}_0$——给水干管的卫生器具给水当量平均出流概率,%;

U_{0i}——支管的最大用水时卫生器具给水当量平均出流概率,%;

N_{gi}——相应支管的卫生器具给水当量总数。

(2)宿舍、旅馆、宾馆、医院、疗养院、幼儿园、养老院、办公楼、商场、图书馆、书店、客运站、航站楼、会展中心、宿舍(居室内设卫生间)、教学楼、公共厕所等建筑的生活给水设计秒流量,按式(2-12)计算:

$$q_g = 0.2\alpha \sqrt{N_g} \tag{2-12}$$

式中:q_g——计算管段的给水设计秒流量,L/s;

α——根据建筑物用途而定的系数,按表2-5取用。

如计算值小于该管段上一个最大卫生器具给水额定流量时,应采用一个最大的卫生器具给水额定流量作为设计秒流量。

如计算值大于该管段上按卫生器具给水额定流量累加所得流量值时,应采用卫生器具给水额定流量累加所得流量值。

有大便器延时自闭冲洗阀的给水管段,大便器延时自闭冲洗阀的给水当量均以0.5计,计算得到的q_g附加1.20L/s的流量后,为该管段的给水设计秒流量。

综合楼建筑的α值应按表2-5进行加权平均计算。

表 2-5 根据建筑物用途而定的系数 α 值

建筑物名称	幼儿园、托儿所、养老院	门诊部诊疗所	办公楼商场	图书馆	书店	教学楼	医院、疗养院、休养所	酒店式公寓	宿舍、旅馆、招待所、宾馆	客运站、航站楼、会展中心、公共厕所
α	1.2	1.4	1.5	1.6	1.7	1.8	2.0	2.2	2.5	3.0

(3)工业企业的生活间、公共浴室、职工(学生)食堂或营业餐馆的厨房、体育场馆、宿舍(设公用盥洗卫生间)、剧院的化妆间、普通理化实验室等建筑的生活给水管道的设计秒流量,按式(2-13)计算。

$$q_g = \sum q_0 n_0 b \tag{2-13}$$

式中：q_g——计算管段的给水设计秒流量，L/s；

q_0——同类型的一个卫生器具给水额定流量，L/s；

n_0——计算管段同类型卫生器具数；

b——同类型卫生器具的同时给水百分数，%，应按表2-6～表2-8采用。

表 2-6　宿舍（设公用盥洗卫生间）、工业企业生活间、公共浴室、影剧院、

体育场馆等卫生器具同时给水百分数（%）

卫生器具名称	宿舍（设公用盥洗室卫生间）	工业企业生活间	公共浴室	影剧院	体育场馆
洗涤盆（池）	—	33	15	15	15
洗手盆	—	50	50	50	70（50）
洗脸盆、盥洗槽水嘴	5～100	60～100	60～100	50	80
浴盆	—		50		
无间隔淋浴器	20～100	100	100		100
有间隔淋浴器	5～80	80	60～80	（60～80）	（60～100）
大便器冲洗水箱	5～70	30	20	50（20）	70（20）
大便槽自动冲洗水箱	100	100		100	100
大便器自闭式冲洗阀	1～2	2	2	10（2）	5（2）
小便器自闭式冲洗阀	2～10	10	10	50（10）	70（10）
小便器（槽）自动冲洗水箱	—	100	100	100	100
净身盆		33		—	
饮水器	—	30～60	30	30	30
小卖部洗涤盆			50	50	50

注：① 表中括号内的数值是电影院、剧院的化妆间，体育场馆的运动员休息室数据。

② 健身中心的卫生间，可采用本表体育场馆运动员休息室的同时给水百分率。

　　如计算值小于该管段上一个最大卫生器具给水额定流量时，应采用一个最大的卫生器具给水额定流量作为设计秒流量。大便器自闭式冲洗阀应单列计算，当单列计算值小于1.2L/s时，以1.2L/s计；大于1.2L/s时，以计算值计。

表 2-7　职工食堂、营业餐馆厨房设备同时给水百分数

厨房设备名称	污水盆（池）	洗涤盆（池）	煮锅	生产性洗涤机	器皿洗涤机	开水器	蒸汽发生器	灶台水嘴
同时给水百分数/%	50	70	60	40	90	50	100	30

注：职工或学生食堂的洗碗台水嘴，按100%同时给水，但不与厨房用水叠加。

表 2-8　实验室化验水嘴同时给水百分数

化验水嘴名称	同时给水百分数/%	
	科研教学实验室	生产实验室
单联化验水嘴	20	30
双联或三联化验水嘴	30	50

2.4.2　管径计算

计算出各管段设计秒流量后,即可确定各管段的管径。

各管段的管径是根据计算出的设计秒流量确定的,其计算公式为

$$d = \sqrt{\frac{4q_g}{\pi v}} \qquad (2\text{-}14)$$

式中:d——管道直径,m;

$\quad q_g$——管道设计流量,m^3/s;

$\quad v$——管道设计流速,m/s。

由式(2-14)可以看出,管径和流速成反比。如流速选择过大,所得管径就小,会引起水锤,产生噪声,易导致水击而损坏管道或附件,并增加管网的水头损失,提高建筑内给水系统所需的压力,增大运行费用;如流速选择过小,所得管径就大,又会造成管材投资偏大。

因此,设计时应综合考虑以上因素,将给水管道流速控制在适当的范围内,即所谓的经济流速,使管网系统运行平稳且不浪费。生活或生产给水管道的经济流速按表2-9选取。

表 2-9　生活与生产给水管道的经济流速

公称直径/mm	15～20	25～40	50～70	≥80
水流速度/(m/s)	≤1.0	≤1.2	≤1.5	≤1.8

根据公式计算所得管道直径一般不等于标准管径,可根据计算结果取相近的标准管径,并核算流速是否符合要求。如不符合,应调整流速后重新计算。

在实际工程方案设计阶段,可以根据管道所负担的卫生器具当量数,按表2-10估算管径。住宅建筑的进户管,公称直径不得小于20mm。

表 2-10　按卫生器具当量数确定管径

管径/mm	15	20	25	32	40	50	70
卫生器具当量数	3	6	12	20	30	50	75

2.4.3　计算管道尺寸实例

【例 2-4】　管道尺寸的确定。

某住宅楼共2个单元,6层,一梯2户,一户1厨2卫。每户设有洗脸盆($N=0.75$)2套,坐式大便器($N=0.5$)2套,淋浴器($N=0.75$)2套,洗衣机($N=1.0$)1套,洗涤盆($N=1.0$)

1套。请计算总引入管的设计秒流量和管径。

【解】　(1)设计秒流量。

① 最大用水时卫生器具给水当量平均出流概率：

$$U_0 = \frac{q_0 \times m \times K_h}{0.2 \times N_g \times T \times 3\,600} \times 100\%$$

式中：q_0——最高日生活用水定额，Ⅱ类住宅 130～300，取 200L/(人·d)；

　　　m——用水人数，每户按 3.5 人计；

　　　K_h——小时变化系数，Ⅱ类住宅 2.8～2.3，取 2.4；

　　　N_g——每户设置的卫生器具给水当量数，$N_g = 0.75 \times 2 + 0.5 \times 2 + 0.75 \times 2 + 1 + 1 = 6$；

　　　T——用水时数，住宅用水时间为 24h；

$$U_0 = 200 \times 3.5 \times 2.4 \div (0.2 \times 6 \times 24 \times 3\,600) \times 100\% = 1.62$$

② 计算管段的卫生器具给水当量的同时出流概率：

$$U = \frac{1 + \alpha_c (N_g - 1)^{0.49}}{\sqrt{N_g}}$$

式中：α_c——对应 U_0 的系数，查表 2-4，用内插法，对应 $U_0 = 1.62$，$\alpha_c = 0.007\,93$；

　　　N_g——计算管段的卫生器具给水当量总数，共 $6 \times 2 \times 2 = 24$ 户，$N_g = 6 \times 24 = 144$；

$$U = [1 + 0.007\,93 \times (144 - 1)^{0.49}] \div \sqrt{144} = 0.090\,8$$

③ 计算管段的给水设计秒流量：

$$q_g = 0.2UN_g = 0.2 \times 0.908 \times 144 = 2.61(\text{L/s})$$

(2)管道直径确定。

$$d = \sqrt{\frac{4q_g}{\pi v}}$$

式中：q_g——管道设计流量，$0.002\,61\text{m}^3/\text{s}$；

　　　v——管道设计流速，查表 2-9，假设 $v = 1.2\text{m/s}$；

$$d = \sqrt{4 \times 0.002\,61 \div (3.14 \times 1.2)} = 0.052\,6(\text{m})$$

确定管径为 50mm，实际流速

$$v_1 = 4 \times 0.002\,61 \div (3.14 \times 0.050^2) = 1.32(\text{m/s})$$

2.5　水压计算与校核

水压计算的目的是通过计算各管段水头损失，确定室内管网所需的水压，从而选定加压设备的扬程或确定水箱设置高度，对初始供水方案进行校核并最终确定下来。

2.5.1 管网水头损失

建筑内部给水管道的水头损失包括沿程水头损失和局部水头损失。

1. 沿程水头损失

沿程水头损失按式(2-15)计算：

$$h_y = iL \qquad\qquad (2\text{-}15)$$

式中：h_y——管段的沿程水头损失，kPa；

    i——单位长度管道的沿程水头损失，kPa/m；

    L——管段的长度，m。

单位长度管道的沿程水头损失 i 值，可以通过水力计算表查得。不同材质的给水管道水力计算表见本书附录1的附表1～3。根据计算出的设计秒流量，控制水流速在允许范围，即可方便快捷地查出 i 值。

2. 局部水头损失

给水管网中，弯头、三通等局部管件较多，详细计算较为烦琐，在实际工程中给水管网的局部水头损失计算常采用折算长度法和百分比经验值计算法。

1）折算长度计算

生活给水管道的配水管的局部水头损失，宜按管道的连接方式，采用管(配)件当量长度法计算。螺纹接口的阀门及管件摩阻损失的当量长度见表2-11。

表 2-11　螺纹接口的阀门及管件的摩阻损失当量长度

管件内径/mm	各种管件的折算管道长度/m						
	90°弯头	45°弯头	三通90°转角	三通直向流	闸阀	球阀	角阀
9.5	0.3	0.2	0.5	0.1	0.1	2.4	1.2
12.7	0.6	0.4	0.9	0.2	0.1	4.6	2.4
19.1	0.8	0.5	1.2	0.2	0.2	6.1	3.6
25.4	0.9	0.5	1.5	0.3	0.2	7.6	4.6
31.8	1.2	0.7	1.8	0.4	0.2	10.6	5.5
38.1	1.5	0.9	2.1	0.5	0.3	13.7	6.7
50.8	2.1	1.2	3.0	0.6	0.4	16.7	8.5
63.5	2.4	1.5	3.6	0.8	0.5	19.8	10.3
76.2	3.0	1.8	4.6	0.9	0.6	24.3	12.2
101.6	4.3	2.4	6.4	1.2	0.8	38.0	16.7
127.0	5.2	3	7.6	1.5	1.0	42.6	21.3
152.4	6.1	3.6	9.1	1.8	1.2	50.2	24.3

注：本表的螺纹接口指管件无凹口的螺纹，当管件为凹口螺纹或管件与管道为等径焊接时，其当量长度取本表值的一半。

2）百分比经验值计算

当管道的管（配）件当量长度无法确定时，可根据下列管件的连接状况，按管网的沿程水头损失的百分数取值。

(1) 管（配）件内径与管道内径一致，采用三通分水时，取 25%～30%；采用分水器分水时，取 15%～20%。

(2) 管（配）件内径略大于管道内径，采用三通分水时，取 50%～60%；采用分水器分水时，取 30%～35%。

(3) 管（配）件内径略小于管道内径，管（配）件的插口插入管口内连接，采用三通分水时，取 70%～80%；采用分水器分水时，取 35%～40%。

3. 水表和特殊配件的水头损失

1）水表的局部水头损失

水表的局部水头损失应按选用产品所给定的压力损失值计算。在未确定具体产品时，可按下列情况选用：

(1) 住宅进户管上的水表，宜取 0.01MPa；

(2) 建筑物或小区引入管上的水表，在生活用水工况时，宜取 0.03MPa；

(3) 在校核消防工况时，宜取 0.05MPa。

2）特殊附件的水头损失

(1) 比例式减压阀的水头损失，阀后动水压宜按阀后静水压的 80%～90% 采用。

(2) 管道过滤器的局部水头损失，宜取 0.01MPa。

(3) 管道倒流防止器的局部水头损失，宜取 0.025～0.04MPa。

4. 管网水头损失计算

为了简化计算，管道的局部水头损失之和，一般可以根据经验采用沿程水头损失的百分数进行估算。不同用途的室内给水管网，其局部水头损失占沿程水头损失的百分数如下：

(1) 生活给水管网 25%～30%；

(2) 生产给水管网 20%；

(3) 消防给水管网 10%；

(4) 自动喷淋给水管网 20%；

(5) 生活、消防共用的给水管网 25%；

(6) 生活、生产、消防共用的给水管网 20%。

为了使用方便，可以根据管段的设计秒流量、控制流速，查水力计算表得出管径和单位长度水头损失，然后计算沿程水头损失。

2.5.2 水力计算步骤

建筑内部给水管道的水力计算方法和步骤如下。

1. 初定给水方案、绘制图纸

(1) 根据建筑图纸和相关资料，初步确定供水方案（直接给水、水泵给水、水箱给水、分区供水等）；估算给水系统所需压力，并根据市政管网提供的压力确定给水方式。

（2）在建筑图上布置给水管网（先立管，再干管、支管）；绘制给水管路系统图。

2. 确定最不利管路

（1）根据系统图选择最不利配水点，确定最不利计算管路（最远点、最高点或流出水头最大点）。

（2）若在系统图中难以判定最不利配水点，则应同时选择几条计算管路，分别计算各管路所需压力，取计算结果最大的值作为给水系统所需压力。

3. 进行管段编号

（1）从最不利配水点开始，以流量变化处为节点，进行节点编号（逆水流方向）。两个节点之间的管路作为计算管段，将计算管路划分成若干计算管段，并标出两节点间计算管段的长度。

（2）列出水力计算表，以便将每步计算结果填入表内。

4. 管段设计秒流量计算

根据建筑的性质选用设计秒流量公式，计算各管段的设计秒流量。

5. 管路水头损失计算

（1）根据各设计管段的设计流量和允许流速，查水力计算表确定各管段的管径、管道单位长度的压力损失、管段的沿程压力损失值。

注意：一定要根据选用的管材，查相应管材的水力计算表。

（2）计算局部水头损失、管路总水头损失。

6. 确定系统所需水压

（1）根据计算结果，确定建筑物所需的总水头 H_x。

（2）与室外管网的供水压力 H_g 进行比较。若 $H_g > H_x$，则满足要求，原方案可行；若 H_g 稍小于 H_x，可适当放大部分管段的管径，减小管道系统的水头损失，使 $H_g > H_x$；若 H_g 比 H_x 小很多，则应修正原方案，在给水系统中增设升压设备。

7. 确定非计算管路的管径

计算最不利管路之外的管路，确定各管段的管径。

8. 确定增压储水设备

（1）确定水箱和储水池容积；确定水箱安装高度；选择水泵。

（2）对采用水箱上行下给布置方式的给水系统，应校核水箱的安装高度，若水箱高度不能满足供水要求，可通过提高水箱高度、放大管径、设置管道泵或用其他供水方式来解决。

9. 标注计算结果

将计算结果标注在给水管路系统图上。

2.5.3　水力计算实例

【例 2-5】　管道水力计算。

某 5 层酒店式公寓，卫生间设有洗脸盆、浴盆、坐便器各 1 套，厨房有洗涤盆 1 个，见图 2-20，采用塑料给水管。该建筑的引入管与室外给水管网连接点到最不利配水点的高差为

12.25m;室外给水管网所能提供的最小压力 $H_g=240$kPa。试进行给水系统的水力计算。

【解】 （1）确定最不利管路。公寓 5 层厨卫为最高配水点。

（2）绘制计算草图，进行节点编号，见图 2-21。

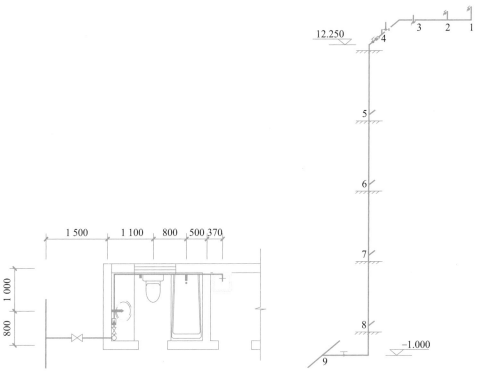

图 2-20　厨房卫生间给水管道平面布置图　　　　图 2-21　厨房卫生间给水管道计算草图

（3）计算各管段设计秒流量。酒店式公寓，设计秒流量：$q_g=0.2\alpha\sqrt{N_g}$，查表 2-5，$\alpha=2.2$，计算各管段 q_g。

（4）沿程水头损失之后。查给水塑料管水力计算表，控制流速在允许范围内，查得对应流速 v 和单位长度水头损失 i，计算各管段的沿程水头损失，将计算结果列于表 2-12 中。

表 2-12　给水管道水力计算表

管段编号	管长 L /m	当量总数 N_g	$q_g=0.2\alpha\sqrt{N_g}$ /(L/s)	DN /mm	v /(m/s)	i /(kPa/m)	$h_y=iL$ /kPa
1—2	0.88	0.7	0.14	15	0.70	0.506	0.45
2—3	0.80	1.7	0.34	20	0.89	0.534	0.42
3—4	1.76	2.2	0.44	25	0.67	0.224	0.39
4—5	3.63	3.0	0.54	25	0.82	0.322	1.17
5—6	3.00	6.0	1.08	32	1.06	0.396	1.19
6—7	3.00	9.0	1.32	40	0.79	0.177	0.53
7—8	3.00	12.0	1.52	40	0.91	0.223	0.67
8—9	2.92	15.0	1.70	40	1.02	0.275	0.80

沿程水头损失之和：

$$\sum h_y = 5.62(kPa)$$

（5）局部水头损失

$$\sum h_j = 30\% \times \sum h_y = 0.3 \times 5.62 = 1.69(kPa)$$

（6）计算管路的水头损失 H_2

$$H_2 = \sum h_y + \sum h_j = 5.62 + 1.69 = 7.31(kPa)$$

（7）水表节点水头损失 H_3

酒店式公寓，参考住宅进户管上的水表，水表节点水头损失取 0.01MPa＝10kPa。

（8）最不利配水点流出水头 H_4

最不利配水点为厨房洗涤池，其流出水头查表 2-3，$H_4 = 0.05$MPa＝50kPa。

（9）富裕水头 H_5

富裕水头 H_5 取 20kPa。

该建筑给水系统所需水压计算公式为

$$H_x = H_1 + H_2 + H_3 + H_4 + H_5 = 13.25 \times 10 + 7.31 + 10 + 50 + 20$$
$$= 219.81(kPa) < 240kPa$$

满足要求。

2.6　给水系统的安装

2.6.1　给水管道和附件的安装

1. 管道的连接

建筑给水管道的管材主要有塑料管、复合管、有衬里的铸铁管、铜管、经防腐处理的钢管等。

1）给水塑料管

给水塑料管可采用热熔连接、黏结连接、专用管件连接和法兰连接等形式。

2）铸铁管

铸铁管可采用承插连接或法兰盘连接。

3）钢管

钢管可采用螺纹连接、焊接和法兰连接。

4）铜管

铜管可采用螺纹卡套压接、焊接。

5）不锈钢管

不锈钢管一般有焊接、螺纹连接、法兰连接、卡套压接和铰口连接。

6) 复合管

钢塑复合管一般用螺纹连接,铝塑复合管一般用卡套式连接。

2. 给水管道的安装

1) 安装前的准备

安装前的准备包括技术准备、材料准备、机具准备、场地准备、施工组织及人员准备。

2) 管道支架的制作安装

管道支架、支座、吊架的制作安装,应严格控制焊接质量及支吊架的结构形式。

3) 管道预制加工

管道预制应根据测绘放线的实际尺寸,按先预制先安装的原则进行。

4) 管道安装

管道安装原则:先地下后地上,先大管后小管,先主管后支管。

5) 管道试压

室内给水管道的水压试验必须符合设计要求,当设计未注明时,各种材质的给水管道系统试验压力均为工作压力的 1.5 倍,但不得小于 0.6MPa。

6) 管道冲洗和消毒

管道试压完成后即可进行冲洗。生活给水系统管道在交付使用前必须冲洗和消毒,并经有关部门取样检验,符合《生活饮用水标准》(GB 5749—2022)才可使用。

7) 管道通水

交工前做通水试验,按设计要求同时开启最大流量的配水点,检查能否达到额定流量。

3. 阀门的安装

(1) 阀门安装前应做强度和严密性试验。

(2) 阀门的安装位置应不妨碍设备、管道及阀体本身的操作、拆装和检修。

(3) 同房间、同设备上的阀门,应排列对称、整齐美观。

(4) 阀门的阀体上有箭头标志的,应注意箭头指向与管道内介质流向相同。

(5) 阀门在安装时应保持关闭状态。

2.6.2　给水系统设备的安装

1. 水泵安装

(1) 安装前检查:检查水泵性能参数和设备实际情况。

(2) 安装程序:吊装就位→位置调整→水平调整→同心度调整→二次浇灌。

(3) 水泵配管及附件的安装。

2. 水箱安装

(1) 水箱的布置与安装。

(2) 水箱配管及附件的安装。

小　结

本学习情境主要介绍生活给水系统的组成;生活给水系统的设计内容和设计方法,包括给水方式的确定、选择给水管道材料、管道尺寸确定、水压的计算与校核、水力计算步骤等;给水系统管道及设备的安装等内容。

学习笔记

复习思考题

1. 建筑给水系统常用给水方式有哪些？分别适用哪些情况？

2. 如何确定给水系统所需压力？

3. 常用配水附件有哪些？常用控制附件有哪些？

4. 用水定额与哪些因素有关？

5. 生活给水管网设计秒流量的计算方法有哪几种？分别适用什么类型的建筑？

6. 为什么要将给水管道的水流速度控制在一定范围内？常用的流速范围是多少？

7. 试述生活给水管网水力计算的方法步骤。

8. 按材质分类给水管道有哪些？各自的连接方式是怎样的？

技能训练一:绘制卫生间给水系统图

1. 实训目的:通过卫生间给水管道平面图和系统图的绘制,帮助学生掌握绘图基本技能。

2. 实训准备:卷尺、图纸、丁字尺、三角板、铅笔等。

3. 实训内容:

(1) 3 人一组,实测教学楼男、女卫生间尺寸及卫生器具布置,绘制卫生间平面图;

(2) 确定给水干管、立管位置;

(3) 绘制卫生间给水管道平面图、系统图。

技能训练二:教学楼给水系统设计

1. 实训目的:通过教学楼给水系统的设计,帮助学生掌握室内给水系统的组成,掌握给水管道流量计算、管径计算和压力损失计算。

2. 实训准备:教学楼建筑图、相关工具书、相关规范等。

3. 实训内容:

(1) 根据建筑平面图,绘制教学楼给水平面图、系统图;

(2) 根据水力计算步骤要求,进行水力计算,确定系统的设计秒流量、管径等。

学习情境 3　建筑消防给水系统

学习目标

1. 了解消防灭火系统的种类；
2. 熟悉消火栓给水系统和喷淋给水的组成；
3. 掌握消火栓给水系统和喷淋给水系统的设计方法；
4. 熟悉建筑消防系统的安装。

学习内容

1. 消防灭火系统概述；
2. 建筑消火栓给水系统；
3. 室内消火栓系统设计；
4. 自动喷水灭火系统；
5. 自动喷水灭火系统设计；
6. 建筑消防系统安装。

3.1　消防灭火系统概述

消防灭火系统是现代建筑的重要组成部分,对建筑起到了重要的保护作用,有效地保护了公民的生命安全和国家财产的安全。

3.1.1　火灾及灭火原理

1. 火灾的类型

根据可燃物类型和燃烧特性,火灾可分为 A、B、C、D、E、F 六大类。

1) A 类火灾

A 类火灾指固体物质火灾,一般是有机物质,如木材、棉麻、纸张等。

2) B 类火灾

B 类火灾指液体或可融化的固体物质火灾,如汽油、柴油、沥青、石蜡等。

3) C 类火灾

C 类火灾指可燃气体火灾,如甲烷、天然气和煤气等。

4) D 类火灾

D 类火灾指金属火灾,主要是活泼金属,如钾、钠、镁等。

5）E 类火灾

E 类火灾指带电火灾,主要是电气火灾,如电气线路、用电设备以及供配电设备等。

6）F 类火灾

F 类火灾指烹饪器具内的烹饪物火灾,如动植物油脂等。

2. 灭火机理

物质燃烧必须同时具备 3 个必要条件,即可燃物、助燃物和着火源。灭火就是破坏燃烧条件,使燃烧终止反应的过程。灭火的基本原理可归纳为冷却、窒息、隔离和化学抑制,前 3 种主要是物理过程,第 4 种为化学过程。

1）冷却法

冷却法是将可燃固体冷却到燃点以下,将可燃液体冷却到闪点以下,燃烧反应就会中止。如用水扑灭一般固体物质的火灾,通过水大量吸收热量,使燃烧物的温度迅速降低,火焰熄灭。

2）窒息法

氧的浓度是燃烧的必要充分条件,如用二氧化碳、氮气、水蒸气等稀释氧的浓度,可使燃烧不能持续。

3）隔离法

可燃物是燃烧条件中的主要因素,把可燃物与火焰以及氧隔离开,燃烧反应就会自动中止。如切断流向着火区的可燃气体或液体的通道或喷洒灭火剂把可燃物与氧和热隔离开,是常用的灭火方法。

4）化学抑制法

化学抑制法是通过化学反应破坏燃烧的链式反应,使燃烧终止。如干粉灭火剂。

3.1.2 消防灭火系统的分类

1. 水灭火系统

水灭火的主要机理是冷却,但因系统的不同可伴有其他灭火功能,如窒息、预湿润、阻隔辐射热、稀释、乳化等灭火功能。

以水为灭火剂的灭火系统有消火栓灭火系统、自动喷水灭火系统、水喷雾灭火系统、细水雾灭火系统、消防炮等。

1）消火栓灭火机理

消火栓灭火机理主要是冷却。可扑灭 A 类火灾,以及其他火灾的暴露防护和冷却。消火栓是依靠水枪充实水柱的冲击力使水进入着火区,用水进行冷却灭火。

2）自动喷水灭火机理

自动喷水灭火机理主要是冷却,也伴有预湿润等灭火功能,可扑灭 A 类火灾,也可用于其他火灾的暴露防护和隔断。自动喷水系统由喷头自动喷水灭火,灭火成功率高。

3）水喷雾灭火机理

水喷雾具有冷却、窒息、乳化某些液体和稀释作用,可扑灭 A、B 类和电气火灾,也可用于其他火灾的暴露防护和冷却。

4）细水雾灭火机理

细水雾灭火机理是以冷却为主,同时伴有窒息作用。可扑灭 A、B 类和电气火灾,也可用于其他火灾的暴露防护和冷却。细水雾因其水滴粒径极小,故遇到热量后迅速蒸发。该系统与自动喷水系统和喷雾系统相比,因水滴更小,水的蒸发速度快且彻底,因此用水量少。

5）消防炮灭火机理

消防水炮灭火机理主要是冷却,可扑灭 A 类火灾和暴露防护及冷却。消防泡沫炮灭火机理主要是隔离,可扑灭 A、B 类火灾。消防干粉炮灭火机理是隔离、化学抑制,可扑灭 A 类、B 类和 C 类火灾。

2. 灭火器

为了有效地扑救工业与民用建筑初起火灾,减少火灾损失,保护人身和财产的安全,需要合理配置建筑灭火器。

灭火器的选择应考虑配置场所的火灾种类、危险等级、灭火器的灭火效能和通用性、灭火剂对保护物品的污损程度、灭火器设置点的环境温度、使用灭火器人员的体能等因素。

3. 气体灭火系统

气体灭火系统主要用在不适于设置水灭火系统等其他灭火系统的环境中,如计算机机房、重要的图书馆和档案馆、移动通信基站(房)、UPS 室、电池室和一般的柴油发电机房等。

通常采用二氧化碳、三氟甲烷、七氟丙烷和惰性气体等洁净气体作为气体灭火系统的灭火剂。可用于扑救电气火灾、液体火灾或可熔化的固体火灾、灭火前应能切断气源的气体火灾和固体表面火灾等。

4. 泡沫灭火系统

泡沫灭火工作原理是应用泡沫灭火剂,使其与水混溶后产生一种可漂浮、可黏附在可燃、易燃液体或固体表面,或者充满某一着火场所的空间,起到隔绝、冷却作用,使燃烧熄灭。泡沫灭火系统广泛应用于油田、炼油厂、油库、发电厂、汽车库、飞机库、矿井坑道等场所。

3.2 室内消火栓给水系统

室内消火栓系统是将市政管网或消防水池的水,经加压输送到建筑物内,用于扑灭火灾的固定灭火设备。

3.2.1 室内消火栓系统设置原则

室内消火栓系统的设置与管道设备的布置,需依据国家规范及地方标准执行。

根据《建筑防火通用规范》(GB 55037—2022)规定,除不适合用水保护或灭火的场所、远离城镇且无人值守的独立建筑、散装粮食仓库、金库可不设置室内消火栓系统外,下列建筑应设置室内消火栓系统:

(1) 建筑占地面积大于 300 m² 的甲、乙、丙类厂房;

（2）建筑占地面积大于 300m² 的甲、乙、丙类仓库；

（3）高层公共建筑，建筑高度大于 21m 的住宅建筑；

（4）特等和甲等剧场，座位数大于 800 的乙等剧场，座位数大于 800 的电影院，座位数大于 1 200 的礼堂，座位数大于 1 200 的体育馆等建筑；

（5）建筑体积大于 5 000m³ 的下列单、多层建筑：车站、码头、机场的候车(船、机)建筑、展览馆、商店旅馆和医疗建筑，老年人照料设施，档案馆和图书馆；

（6）建筑高度大于 15m 或建筑体积大于 10 000m³ 的办公建筑、教学建筑及其他单、多层民用建筑；

（7）建筑面积大于 300m² 的汽车库和修车库；

（8）建筑面积大于 300m² 且平时使用的人民防空工程；

（9）地铁工程中的地下区间、控制中心、车站及长度大于 30m 的人行通道，停车场地内建筑面积大于 300m² 的建筑；

（10）通行机动车的一、二、三类城市交通隧道。

3.2.2　室内消火栓系统的组成与设施

室内消火栓给水系统由室内消火栓、消防水枪、消防水带、消防软管卷盘、报警装置、消火栓箱、消防水泵、消防水箱、消防水池、水泵接合器、管道系统等组成(图 3-1)。

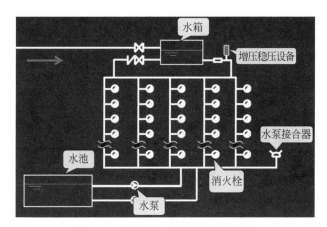

图 3-1　室内消火栓给水系统的组成

1. 消火栓设备

消火栓设备包括水枪、水带、消火栓、水泵启动按钮、消防软管卷盘等，均安装在消火栓箱内。

1) 消火栓

消火栓是安装在消防给水管网上带有阀门的标准接口，是室内消防供水的主要设备。室内消火栓的常用类型有直角单阀单出口、直角单阀双出口和直角双阀双出口等(图 3-2)，出水口直径为 65mm 和 50mm。

2) 消防水枪

室内消火栓箱内一般配置直流式水枪，接口直径为 50mm 和 65mm 两种，喷嘴口径规

(a)直角单阀单出口　　　　(b)直角单阀双出口　　　　(c)直角双阀双出口

图 3-2　室内消火栓

格有 13mm、16mm 和 19mm 三种。见图 3-3。

3）消防水带

与室内消火栓配套使用的消防水带长度有 15m、20m、25m 和 30m 等规格，直径为 50mm 或 65mm。消防水带按材料分有衬胶消防水带和无衬胶消防水带，见图 3-4。

图 3-3　消防水枪　　　　　　　　　　　图 3-4　消防水带

4）消防软管卷盘

消防软管卷盘又称灭火喉，在启用室内消火栓之前，供建筑物内非消防专门人员自救扑灭 A 类初起火灾。消防软管卷盘由阀门、输入管路、卷盘、软管、喷枪、固定支架、活动转臂等组成，栓口直径为 25mm，配备的胶带内径不小于 19mm，软管长度有 20m、25m、30m 三种，喷嘴口径不小于 6mm，可配直流、喷雾两用喷枪。见图 3-5。

图 3-5　消防软管卷盘

2. 消防水泵

消防水泵包括消防主泵和稳压泵。消防主泵在火灾发生后由消火栓箱内的按钮或消防控制中心远程启动，或现场启动。稳压泵用于对水箱设置高度不能满足最不利消火栓水压要求的系统增压。稳压泵应与消防主泵连锁，当消防主泵启动后稳压泵自动停运。

消防给水系统应设置备用消防水泵,其工作能力不应小于其中最大一台消防工作泵的能力。

稳压泵的出水量不应大于 5L/s。

3. 消防水泵接合器

消防水泵接合器是消防车和机动泵向建筑内消防给水系统输送消防用水的连接器具。当室内消防水泵因检修、停电、发生故障或室内消防用水不足时,可通过消防水泵接合器向建筑物加压送水。

水泵接合器根据安装形式可以分为地上式、地下式、墙壁式、多用式 4 种类型。见图 3-6。

地上式　　　　地下式　　　　墙壁式　　　　多用式

图 3-6　消防水泵接合器

下列建筑的室内消火栓给水系统应设置消防水泵接合器:

(1)高层民用建筑;

(2)设有消防给水的住宅、超过 5 层的其他多层民用建筑;厂房或仓库;

(3)超过 2 层或建筑面积大于 10 000m² 的地下建筑(室)、室外消火栓设计流量大于 10L/s 的平战结合的人防工程;

(4)高层工业建筑和超过 4 层的多层工业建筑;

(5)4 层以上的多层汽车库,高层汽车库和地下、半地下汽车库等。

4. 消防管道

消防管道是消火栓系统的管道系统,用于连接消防设备、器材,输送消防灭火用水、气体或其他介质。

消防管道需要耐压力、耐腐蚀、耐高温。常用的管道材料有球墨铸铁给水管、铜管、不锈钢管、合金管及复合型管材、塑料管材。

室内消防给水管道的布置要保证消防用水的安全可靠性。具体应符合下列要求:

(1)室内消火栓系统管网应布置成环状;

(2)室内消防竖管直径不应小于 DN100;

(3)室内消防管道直径应根据设计流量、流速和压力要求经计算确定;

(4)消防给水管道的设计流速不宜大于 2.5m/s。

5. 消防水池和消防水箱

消防水池用于储存火灾持续时间内的室内消防用水量。

屋顶消防水箱通常用于系统的增压、稳压,并储存 10min 消防用水量。

3.2.3　室内消火栓系统的给水方式

室内消火栓给水系统的给水方式,应根据室外给水管网所能提供的水压、水量以及室内消火栓给水系统所需的水压、水量来确定。

1. 室外给水管网直接供水

由室外给水管网直接供水也称作无水泵、水箱的室内消火栓给水系统,如图 3-7 所示。

适用条件:市政给水压力较高,室外管网为环状且在生产生活用水量达到最大时仍能满足室内消火栓系统对水量、水压的要求。

常用于底层车库和地下建筑。

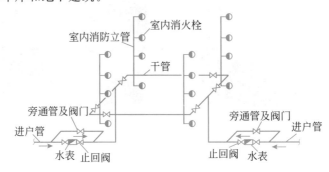

图 3-7　无水泵、水箱的室内消火栓给水系统

2. 设水箱的给水方式

设水箱的室内消火栓给水系统如图 3-8 所示。

适用条件:外网水压变化较大。生活生产用水量小时水压升高能向高位水箱供水,用水量大时不能满足消火栓系统对水量、水压的要求。

水箱储存 10min 消防用水量。火灾初期由水箱向消火栓给水系统供水;火灾延续时由室外消防车通过水泵接合器向消火栓给水系统供水。

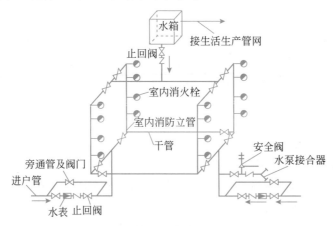

图 3-8　设水箱的室内消火栓给水系统

3. 设水泵和水箱的给水方式

设水泵和水箱的室内消火给水系统如图 3-9 所示。

适用条件：室外管网的水量、水压不能满足室内消火栓系统对水量、水压的要求，火灾初期由水箱供水，火灾延续时由水泵供水。

适用于单层或多层建筑和室外管网允许直接取水的场所。

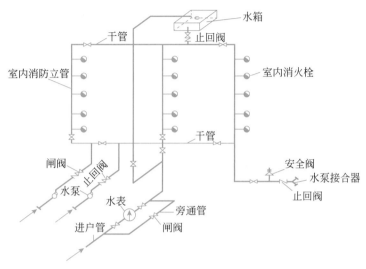

图 3-9　设水泵和水箱的室内消火栓给水系统

4. 设水泵、水箱和水池的给水方式

由室外给水管网供水至储水池、水箱储存 10min 消防用水量。火灾初期由水箱供水，火灾延续时由水泵从水池吸水供水。如图 3-10 所示。

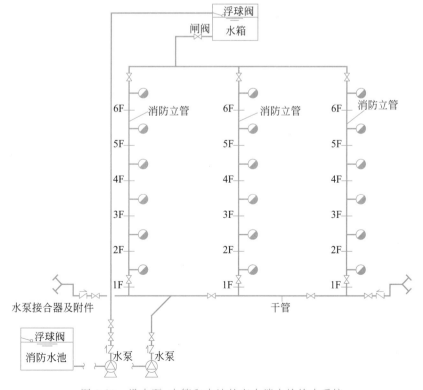

图 3-10　设水泵、水箱和水池的室内消火栓给水系统

适用于多层建筑或建筑高度≤50m的高层建筑,室外管网不允许直接取水的场所。

5. 分区给水方式

消防分区给水有并联分区供水方式、串联分区供水方式、减压分区供水方式等几种形式。如图3-11所示。

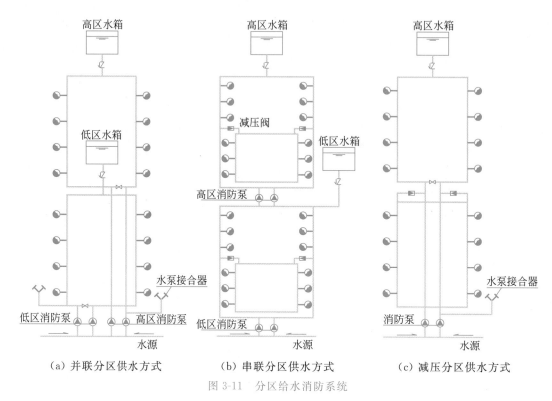

（a）并联分区供水方式　　　　（b）串联分区供水方式　　　　（c）减压分区供水方式

图 3-11　分区给水消防系统

3.3　室内消火栓给水系统设计

室内消火栓系统在建筑物内使用广泛,主要用于扑灭初期火灾。消火栓系统的设计就是根据建筑物的性质和使用特点,查阅规范确定建筑物的消防用水量、水枪数量和水压;根据各类建筑要求的水枪充实水柱长度,确定消火栓保护半径并合理布置消火栓;进行水力计算,最终确定消防给水管网的管径,系统所需的水压,水池、水箱的容积和水泵的型号等。

室内消火栓给水系统设计计算步骤如下。

（1）根据建筑物的类型、高度、体积查规范,确定同时灭火的水枪支数、每只水枪的最小出水量、最小充实水柱长度、火灾的延续时间。

（2）确定消火栓口径、水枪口径、水带口径、水带长度和材质。

（3）查表或计算确定实际出水量(Q_{xh})和水枪口所需水压(H_q)。

（4）平面布置立管,校核消火栓的间距。

（5）绘制系统的计算草图,包括管道、消火栓、水泵结合器、消防水池、消防水泵、消防水箱。

（6）计算最不利点消火栓口所需水压 H_{xh}。

（7）分配立管流量,确定干管流量,列表进行水力计算,确定计算管路的管径、流速、单阻和沿程水头损失。

（8）求计算管路的累计沿程水头损失、局部水头损失和总水头损失。

（9）确定其他管段的管径。

（10）升压储水调节设备计算内容如下。

① 消防水池:容积、几何尺寸、个数、最低水位标高。

② 消防水箱:容积、几何尺寸、安装高度。

③ 消防泵:扬程、出水量,选择消防泵的类型和台数。

（11）绘制正式的平面图和系统图。

（12）局部放大图:水泵间、水箱间。

（13）说明和材料表。

3.3.1　室内消火栓系统设计流量

室内消火栓系统设计流量应根据建筑物的用途功能、体积、高度、耐火极限、火灾危险性等因素综合确定。

根据《消防给水及消火栓系统技术规范》(GB 50974—2014),建筑物室内消火栓设计流量不应小于表 3-1 中的规定。

表 3-1　建筑物室内消火栓设计流量

建筑物名称		高度 h/m、层数、体积 V/m³、座位数 n/个、火灾危险性		消火栓设计流量/(L/s)	同时使用消防水枪数/支	每根竖管最小流量/(L/s)
工业建筑	厂房	$h \leqslant 24$	甲、乙、丁、戊	10	2	10
			丙 $V \leqslant 5\,000$	10	2	10
			丙 $V > 5\,000$	20	4	15
		$24 < h \leqslant 50$	乙、丁、戊	25	5	15
			丙	30	6	15
		$h > 50$	乙、丁、戊	30	6	15
			丙	40	8	15
	仓库	$h \leqslant 24$	甲、乙、丁、戊	10	2	10
			丙 $V \leqslant 5\,000$	15	3	15
			丙 $V > 5\,000$	25	5	15
		$h > 24$	丁、戊	30	6	15
			丙	40	8	15

续表

建筑物名称			高度 h/m、层数、体积 V/m³、座位数 n/个、火灾危险性	消火栓设计流量/(L/s)	同时使用消防水枪数/支	每根竖管最小流量/(L/s)
民用建筑	单层及多层	科研楼、实验楼	$V \leqslant 10\,000$	10	2	10
			$V > 10\,000$	15	3	10
		车站、码头、机场的候车(船、机)楼和展览建筑(如博物馆)等	$5\,000 < V \leqslant 25\,000$	10	2	10
			$25\,000 < V \leqslant 50\,000$	15	3	10
			$V > 50\,000$	20	4	15
		剧场、电影院、会堂、礼堂、体育馆等	$800 < n \leqslant 1\,200$	10	2	10
			$1\,200 < n \leqslant 5\,000$	15	3	10
			$5\,000 < n \leqslant 10\,000$	20	4	15
			$n > 10\,000$	30	6	15
		旅馆	$5\,000 < V \leqslant 10\,000$	10	2	10
			$10\,000 < V \leqslant 25\,000$	15	3	10
			$V > 25\,000$	20	4	15
		商店、图书馆、档案馆等	$5\,000 < V \leqslant 10\,000$	15	3	10
			$10\,000 < V \leqslant 25\,000$	25	5	15
			$V > 25\,000$	40	8	15
		病房楼、门诊楼等	$5\,000 < V \leqslant 25\,000$	10	2	10
			$V > 25\,000$	15	3	10
		办公楼、教学楼、公寓、宿舍等其他建筑	高度超过 15m 或 $V > 10\,000$	15	3	10
		住宅	$21 < h \leqslant 27$	5	2	5

3.3.2 室内消火栓的布置

1. 水枪的充实水柱

发生火灾时,火场的辐射热使消防人员无法接近着火点,因此,要求从水枪喷出的水流应该具有足够的射程和消防流量到达着火点。消防水流的有效射程通常用充实水柱表述。

水枪的充实水柱是指从喷嘴出口开始到 90%的射流总量穿过直径 38mm 圆圈处的密集不分散的射流长度,如图 3-12 所示。

水枪充实水柱长度可根据图 3-13 所示的室内最高着火点距地面高度以及水枪喷嘴距地面高度以及水枪射流倾角确定,但不得小于表 3-2 的规定。当水枪的充实水柱长度过大时,射流的反作用力会使消防人员无法把握水枪从而影响灭火,充实水柱长度一般不宜大于 15m。

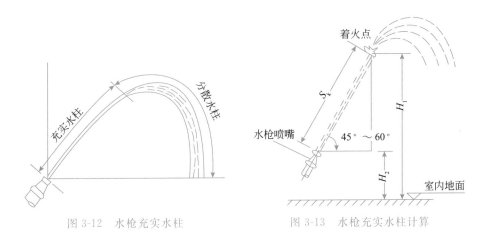

图 3-12　水枪充实水柱　　　　　图 3-13　水枪充实水柱计算

$$S_k = \frac{H_1 - H_2}{\sin\alpha} \qquad\qquad (3\text{-}1)$$

式中:S_k——水枪灭火所需的水枪充实水柱长度,m;

　　　H_1——室内最高着火点距地面高度,m;

　　　H_2——水枪喷嘴距地面高度,m;

　　　α——水枪射流倾角,一般取 $45°\sim60°$。

表 3-2　各类建筑要求水枪充实水柱长度

建筑物类别	充实水柱长度/m
一般建筑	≥7
甲、乙类厂房,大于 6 层民用建筑,大于 4 层厂房(仓库)	≥10
高层厂房(仓库)、高架仓库、体积大于 25 000m³ 的商店、体育馆、影剧院、会堂、展览建筑、车站、码头、机场建筑等	≥13
民用建筑高度<100m	≥10
民用建筑高度≥100m	≥13
高层工业建筑	≥13
人防工程内	≥10
停车库、修车库内	≥10

2. 消火栓的保护半径

消火栓的保护半径是指以消火栓为中心,一定规格的消火栓、水枪、水龙带配套后,消火栓能充分发挥灭火作用的圆形区域的半径。可按式(3-2)计算:

$$R = kL_d + L_s \qquad\qquad (3\text{-}2)$$

式中:R——消火栓的保护半径,m;

　　　L_d——水龙带长度,m;

L_s——水枪充实水柱长度水平投影长度，m；水枪射流上倾角按45°计算，$L_s = S_k \cos 45°$；

k——水带弯曲折减系数，根据水带转弯数量取 $0.8 \sim 0.9$。

3. 室内消火栓的间距

消火栓布置间距应根据消火栓保护半径和保护间距确定。布置消火栓时，其作用半径应按消防队员手握水龙带实际行走路线来计算。

（1）当室内只有一排消火栓，并且要求有一股水柱到达室内任何部位时，如图 3-14（a）所示，消火栓的间距按式（3-3）计算

$$S = 2\sqrt{R^2 - b^2} \tag{3-3}$$

式中：S——消火栓的布置间距，m；

R——消火栓的保护半径，m；

b——消火栓的最大保护宽度，m。

（2）当室内只有一排消火栓，并且要求有两股水柱同时到达室内任何部位时，如图 3-14（b）所示，消火栓间距按式（3-4）计算

$$S = \sqrt{R^2 - b^2} \tag{3-4}$$

（3）当室内需要布置多排消火栓，并且要求有一股水柱或两股水柱到达室内任何部位时，可按图 3-14（c）和图 3-14（d）布置。

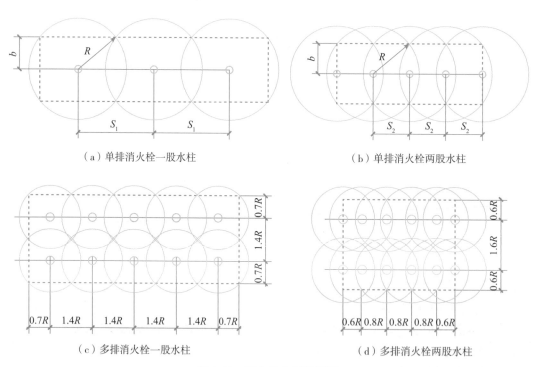

（a）单排消火栓一股水柱　　　　　　　　（b）单排消火栓两股水柱

（c）多排消火栓一股水柱　　　　　　　　（d）多排消火栓两股水柱

图 3-14　消火栓布置间距图

S_1——单排消火栓一股水柱时，消火栓的布置间距，m；S_2——单排消火栓两股水柱时，消火栓的布置间距，m；
R——消火栓的保护半径，m；b——消火栓的最大保护宽度，m。

4. 室内消火栓的布置原则

(1) 设置室内消火栓的建筑,其各层(无可燃物的设备层除外)均应设置消火栓。

(2) 设有屋顶直升机停机坪的公共建筑,应在停机坪出入口处或非用电设备机房处设置消火栓,且距停机坪的距离不应小于5m。

(3) 消防电梯前室应设室内消火栓,并应计入消火栓使用数量。

(4) 室内消火栓应设在走道、楼梯附近等明显且易于取用的地点。

(5) 设有室内消火栓的建筑,应在屋顶设置一个装有压力显示装置的试验检查用消火栓,采暖地区可设在顶层出口处或水箱间内。

(6) 消火栓的布置应保证有两支水枪的充实水柱同时到达室内任何部位。建筑高度小于或等于24m且体积小于或等于5 000m³的库房,可采用一支水枪充实水柱到达室内任何部位。Ⅳ类汽车库及Ⅲ、Ⅳ类修车库,可采用一支水枪充实水柱到达室内任何部位。

(7) 室内消火栓宜按行走距离计算其布置间距,并应符合下列规定。

① 消火栓按两支消防水枪的两股充实水柱布置的高层建筑、高架仓库、甲乙类工业厂房等场所,消火栓的布置间距不应大于30m。

② 消火栓按一支消防水枪的一股充实水柱布置的建筑物,消火栓的布置间距不应大于50m。

3.3.3　室内消火栓系统的水力计算

1. 消火栓口所需的水压和水带水头损失

消火栓口所需水压计算公式为

$$H_{xh} = H_q + h_d + H_k = \frac{q_{xh}^2}{B} + ALq_{xh}^2 + H_k \qquad (3\text{-}5)$$

式中:H_{xh}——消火栓口的水压,kPa;

H_q——水枪喷嘴造成一定长度的充实水柱所需要的压力,kPa,可按同时满足每支水枪最小流量、充实水柱的要求,根据表3-4确定;

h_d——消防水带的水头损失,kPa;

H_k——消火栓口的水头损失,可按20kPa计算;

q_{xh}——水枪喷嘴射出流量,L/s;见表3-3;

B——水枪出流特性系数,按表3-4选用;

A——水带比阻,按表3-5采用;

L——水带长度,m。

2. 消防管网水力计算

室内消防管网的水力计算,可把环状管网最上部的联络管去掉,使之简化为枝状管网,在保证最不利点消火栓所需流量和水枪所需充实水柱的基础上确定管网的流量、管径,管路的水头损失,计算或校核消防水箱的设置高度,选择消防水泵。

1) 流量计算

消火栓系统的供水量按室内消火栓系统用水量达到设计秒流量时计算。

表 3-3　水枪喷嘴处压力(H_q)与充实水柱(H_m)及流量(q_{xh})的关系

充实水柱 H_m/m	水枪喷口直径/mm					
	13		16		19	
	H_q/(mH₂O)	q_{xh}/(L/s)	H_q/(mH₂O)	q_{xh}/(L/s)	H_q/(mH₂O)	q_{xh}/(L/s)
6	8.1	1.7	7.8	2.5	7.7	3.5
8	11.2	2.0	10.7	2.9	10.4	4.1
10	14.9	2.3	14.1	3.3	13.6	4.5
12	19.1	2.6	17.7	3.8	16.5	5.1
14	23.9	2.9	21.8	4.2	20.5	5.7
16	19.7	3.2	26.5	4.6	24.7	6.2

注:1mH₂O=10kPa

表 3-4　水枪出流特性系数 B

水枪喷口直径/mm	13	16	19	22	25
B	0.346	0.793	1.577	0.283 4	0.472 7

表 3-5　水带比阻 A

水带材料	水带直径/mm		
	50	65	80
麻织	0.015 01	0.004 30	0.001 50
衬胶	0.006 77	0.001 72	0.000 75

消防立管的流量分配可按表 3-6 确定,但不得小于表 3-1 和表 3-2 竖管最小流量的规定。

消防系统供水横干管的流量应为消火栓用水量。

表 3-6　消防立管流量分配

低 层 建 筑				高 层 建 筑			
室内消防流量=同时使用水枪数×每支水枪流量/(L/s)	消防立管出水枪数/支			室内消防流量=同时使用水枪数×每支水枪流量/(L/s)	消防立管出水枪数/支		
	最不利立管	次不利立管	第三不利支管		最不利立管	次不利立管	第三不利支管
5=1×5	1						
5=2×2.5	2						
10=2×5	2			10=2×5	2		
15=3×5	2	1					
20=4×5(1)	2	2		20=4×5	2	2	
20=4×5(2)	3	1					
25=5×5	3	2					
30=5×6	3	2		30=5×6	3	3	
40=5×8	3	3	2	40=5×8	3	3	2

2) 水头损失计算

消火栓系统的水头损失计算与生活给水管网的水力计算方法相同,但由于消防用水的特殊性,立管的管径不变,管道的巨补水头损失可按沿程水头损失的 10%～20% 计算,管道的流速不宜大于 2.5m/s。

按控制设计流速为 1.4～1.8m/s 确定管道直径,依次计算最不利消火栓以下各层消火栓口处的实际压力,并按式(3-6)计算水枪的实际出流量:

$$q_{xh} = \sqrt{\dfrac{H_{xh} - H_k}{AL + \dfrac{1}{B}}} \tag{3-6}$$

室内消防给水管道的直径应通过计算确定。当计算出来的竖管直径小于 100mm 时,仍应采用 100mm 的管道。

3. 水池、水箱和水泵计算

1) 消防水池的有效容积

(1) 当市政给水管网能保证室外消防用水量时,消防水池的有效容积应满足在火灾持续时间内室内消防水量的要求。

(2) 当市政给水管网不能保证室外消防用水量时,消防水池的有效容积应能满足在火灾持续时间内,室内消防水量和室外消防用水量不足部分之和的要求。计算公式为

$$V_f = 3.6(Q_f - Q_L)T_x \tag{3-7}$$

式中:V_f——消防水池的有效容积,m³;

　　　Q_f——室内消防用水量与室外消防用水量不足部分之和,L/s;

　　　Q_L——市政管网可连续补水量,L/s;

　　　T_x——火灾持续时间,h。

各类建筑物的火灾持续时间见表 3-7。

表 3-7　建筑物火灾持续时间

建筑物类别	建筑物具体类型	设计火灾延续时间/h
仓库	甲、乙、丙类仓库	3.0
	丁、戊类仓库	2.0
厂房	甲、乙、丙类厂房	3.0
	丁、戊类厂房	2.0
公共建筑	一类高层公共建筑、建筑体积大于 10 000m³ 的公共建筑	3.0
	其他公共建筑	2.0
住宅建筑	一类高层住宅建筑	2.0
	其他住宅建筑	1.0
平时使用的人民防空工程	总建筑面积大于 3 000m²	2.0
	总建筑面积不大于 3 000m²	1.0

2）消防水箱设计计算

临时高压消防系统在屋顶设置消防水箱,其有效容积应符合以下要求:

(1)工业和多层民用建筑消防水箱应储存10min的室内消防用水量;

(2)对于高层民用建筑,一类公共建筑不应小于18m³,二类公共建筑和一类居住建筑不应小于12m³,二类居住建筑不应小于6m³。

当室内消防用水量不超过25L/s,经计算消防储水量超过12m³时,仍可采用12m³;当室内消防用水量超过25L/s,经计算消防储水量超过18m³时,仍可采用18m³。

消防水箱设在建筑物的最高部位,消防水箱的设置高度应保证最不利点消火栓静水压力。当建筑高度不超过100m时,高层建筑最不利点消火栓静水压力不应低于0.07MPa;当建筑高度超过100m时,高层建筑最不利点消火栓静水压力不应低于0.15MPa。当高位消防水箱不能满足上述静压要求时,应设增压设施。

消防用水与其他用水合并的水箱,应有确保消防用水不作他用的技术设施。除串联消防给水系统外,发生火灾后由消防水泵供给的消防用水,不应进入消防水箱。

3）消防水泵设计计算

(1)水泵流量。临时高压消防给水系统应设置消防水泵,其额定流量应根据不同的系统选择确定。当为独立消防给水系统时,其额定流量为该系统设计灭火水量;当为联合消防给水系统时,其额定流量应为消防的同时作用各系统组合流量的最大者。

(2)水泵扬程。消防水泵的扬程应满足各种灭火系统的压力要求,通常根据各系统最不利点所需水压值确定。其计算公式为

$$H = (1.05 \sim 1.10)\left(\sum h + Z + P_0\right) \tag{3-8}$$

式中:H——水泵扬程或系统入口的供水压力,MPa;

1.05~1.10——安全系数,一般根据供水管网大小来确定,当系统管网较小时,取1.05,当系统管网较大时,取1.10;

$\sum h$——管道沿程和局部水头损失的累计值,MPa;

Z——最不利点处消防用水设备与消防水池的最低水位或系统入口管水平中心线之间的高程差,当系统入口管或消防水池最低水位高于最不利点消防用水设备时,Z取负值,MPa;

P_0——最不利点处灭火设备的工作压力,MPa。

(3)水泵的选择。高层民用建筑应设置备用消防水泵;多层民用建筑、工业建筑、堆场和储罐的室外消防用水量小于或等于25L/s或建筑内消防用水量小于或等于10L/s时,可不设置备用泵。

临时高压消防给水系统的消防水泵应采用一用一备,或多用一备,备用泵应与工作泵的性能相同。当为多用一备时,应考虑水泵流量叠加时,对水泵出口压力的影响。

选择消防泵时,其水泵性能曲线应平滑无驼峰,消防泵停泵时的压力不应超过系统设计额定压力的140%;当水泵流量为额定流量的150%时,水泵的压力不应低于额定压力的65%。消防水泵电机轴功率应满足水泵曲线上任何一点的工作要求。

3.3.4 室内消火栓系统设计实例

【例 3-1】 消火栓给水系统设计实例 1。

某 14 层高级旅馆,其消火栓给水系统如图 3-15 所示。选用喷嘴直径 $d = 19\text{mm}$ 的水枪,消火栓口径 65mm,衬胶水龙带直径 65mm、长 20m。试确定消防管道直径及消防水泵的流量和扬程。

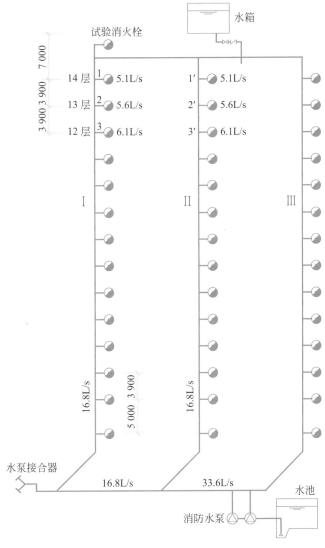

图 3-15 旅馆消火栓系统图

【解】 根据图纸,去掉上部水平横管,可判定 Ⅰ、Ⅱ 号消防竖管为最不利竖管和次不利竖管,Ⅰ号消防竖管上的节点 1 为最不利消火栓。按规范规定,本建筑室内消防用水量为30L/s,充实水柱长度≥10m,发生火灾时,最不利竖管和次不利竖管应满足 3 支水枪同时工作,每支水枪的最小流量为 5L/s,每根竖管最小流量要求均为 15L/s。

查表 3-3 知:19mm 口径水枪,当充实水柱 $H_m = 12m$,水枪流量 $q_{xh}^{(1)} = 5.1L/s$(同时满足充实水柱长度≥10m,水枪流量≥5L/s 的要求)时,水枪喷嘴处的压力 $H_q = 165kPa$。

查表 3-5 知:65mm 衬胶水带,水带比阻 $A = 0.00172$,水带长度按 20m 计。

(1)节点 1 处消火栓口所需压力为

$$H_{xh}^{(1)} = 165 + 0.00172 \times 20 \times 5.1^2 + 20 = 186(kPa)$$

初步确定竖管直径为 DN100mm,当消防流量达到 15L/s 时,管内流速为

$$v = 4 \times 0.015/(3.14 \times 0.1^2) = 1.91(m/s)(不超过 2.5m/s)$$

(2)节点 2 处消火栓口的压力为

$$H_{xh}^{(2)} = H_{xh}^{(1)} + \gamma \Delta h + iL = 225(kPa)$$

水枪射流量为

$$q_{xh}^{(2)} = \sqrt{\frac{225 - 20}{0.00172 \times 20 + 1 \div 0.1577}} = 5.6(L/s)$$

同理可求得节点 3 处消火栓的压力为 272kPa,出水量 6.1L/s。近似认为Ⅱ号竖管的流量与Ⅰ号竖管的流量相等,消防泵流量为 33.6L/s。

底部水平干管直径采用 DN125mm,流速小于 2.5m/s。

(3)消防水泵的选择。水泵扬程可根据节点 1 处消火栓口的压力、节点 1 与消防水池最低动水位之差、计算管路水头损失求出。

3.4　自动喷水灭火系统

自动喷水灭火系统是一种在发生火灾时,能自动打开喷头喷水灭火并同时发出火警信号的消防灭火设施。据资料统计,自动喷水灭火系统扑救初期火灾的效率在 97% 以上,具有工作性能稳定、适应范围广、安全可靠、控火灭火成功率高、维护简便等优点,是扑救初期火灾有效的自动灭火设施。

自动喷水灭火系统由洒水喷头、报警阀组、水流报警装置等组件,以及管道、供水设施组成。

3.4.1　自动喷水灭火系统的分类

根据喷头的开闭状态,自动喷水灭火系统可分为闭式系统和开式系统。采用闭式洒水喷头的为闭式系统,采用开式洒水喷头的为开式系统。

1. 闭式自动喷水灭火系统

闭式自动喷水灭火系统采用闭式喷头,平时处于关闭状态,系统用水量相对较小,造成

的水渍损失也较小。闭式系统主要包括湿式、干式、预作用系统等。

1）湿式自动喷水灭火系统

特点：喷头常闭；管网中充满有压水。

适用：环境温度为4～70℃的建筑物。

工作原理：火灾发生时，闭式喷头破裂喷水，管道中水流使湿式报警阀开启，输出电报警信号，启动消防水泵，给系统加压供水灭火，同时水力警铃发出声音报警信号。

组成：闭式喷头、管道系统、湿式报警阀、报警装置、供水设备等。湿式自动喷水灭火系统如图3-16所示。

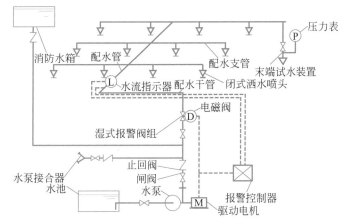

图3-16　湿式自动喷水灭火系统

2）干式自动喷水灭火系统

特点：喷头常闭；管网中平时不充水，充压缩空气（或氮气）；灭火时先排气后出水，比湿式系统动作慢。

适用：采暖期长而建筑物不采暖的场所，环境温度<4℃或>70℃的建筑物。

工作原理：当建筑物发生火灾，着火点温度达到开启闭式喷头时，喷头开启、排气、充水、灭火。

组成：闭式喷头、管道系统、干式报警阀、报警装置、充气设备、排气设备和供水设备等。干式自动喷水灭火系统如图3-17所示。

3）预作用式自动喷水灭火系统

特点：喷头常闭；管网中平时不充水（无压）；兼有湿式系统和干式系统的特点。

适用：对建筑装饰要求高，灭火要求及时的建筑物。

工作原理：发生火灾时，火灾探测器报警后，自动控制系统闸门排气、充水，由干式变为湿式系统。只有当着火点温度达到开启闭式喷头时，才开始喷水灭火。

组成：闭式喷头、管道系统、预作用报警阀组、火灾探测器、报警装置、充气设备、供水设备等。预作用式自动喷水灭火系统如图3-18所示。

2. 开式自动喷水灭火系统

开式自动喷水灭火系统采用开式喷头，处于常开状态，出水量大，灭火及时。

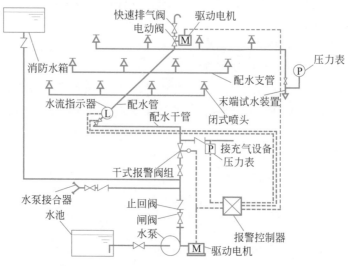

图 3-17　干式自动喷水灭火系统

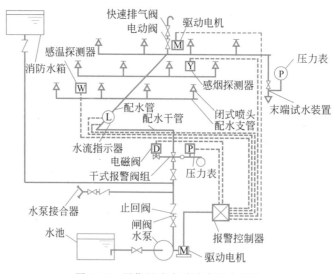

图 3-18　预作用式自动喷水灭火系统

开式系统按喷水方式的不同分为雨淋灭火系统、水幕灭火系统、水喷雾灭火系统。

1）雨淋灭火系统

特点：喷头常开；系统出水量大，灭火及时。

适用：火灾蔓延快、危险性大的建筑或部位。

工作原理：当建筑物发生火灾时，由自动控制装置打开集中控制装置，使整个保护区域所有喷头喷水灭火或喷水冷却。

组成：火灾探测系统、开式喷头、传动装置、喷水管网、雨淋阀等。

雨淋灭火系统如图 3-19 所示。

2）水幕灭火系统

特点：喷头常开；喷头沿线状布置。

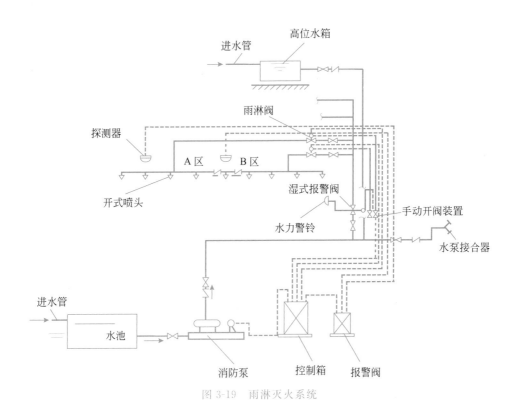

图 3-19 雨淋灭火系统

适用:需防火隔离的开口部位,如舞台与观众之间的隔离水帘、消防防火卷帘的冷却等。

作用:发生火灾时主要起阻火、冷却、隔离作用。水幕灭火系统如图 3-20 所示。

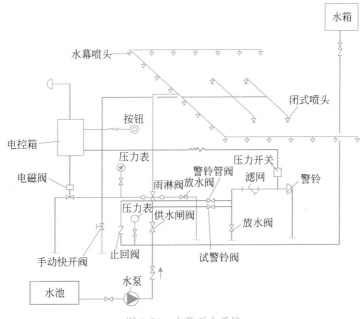

图 3-20 水幕灭火系统

3) 水喷雾灭火系统

特点:喷头常开;扑灭固体火灾的灭火效率较高;电气绝缘性好,常用于电气火灾。

适用:可燃液体火灾、飞机发动机试验台、各类电气设备、石油加工储存场所等。

灭火机理:用喷雾喷头把水粉碎成细小的水雾滴之后喷射到正在燃烧的物质表面,通过表面冷却、窒息、乳化以及稀释的同时作用实现灭火。

3.4.2　自动喷水灭火系统组件

1. 喷头

喷头是自动喷水灭火系统中的关键组件之一,在自动喷水灭火系统中担负着探测火灾、启动系统和喷水灭火的任务。主要有闭式喷头、开式喷头和特殊喷头 3 种。

1) 闭式喷头

闭式喷头由喷水口、感温释放机构和溅水盘等组成。平时闭式喷头的喷水口由感温元件组成的释放机构封闭,当温度达到喷头的公称动作温度范围时,感温元件动作,释放机构脱落,喷头开启。

闭式喷头的分类有以下几种分类方式。

(1) 按感温元件分为玻璃球洒水喷头、易熔合金洒水喷头两类。

(2) 按出水口径分为小口径($\leqslant 11.1\mathrm{mm}$)、标准口径($12.7\mathrm{mm}$)、大口径($13.5\mathrm{mm}$)、超大口径($\geqslant 15.9\mathrm{mm}$)4 类。

(3) 按热敏性能分为标准响应型、快速响应型两类。

(4) 按安装方式分为下垂型(下喷水)、直立型(上喷水)、普通型(上、下喷通用)、边墙型、吊顶型等,如图 3-21 所示。

在不同环境温度场所内设置喷头时,喷头公称动作温度应比环境最高温度高 30℃ 左右。各种喷头动作温度和色标见表 3-8。

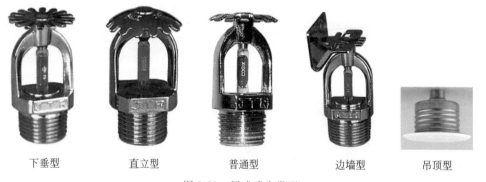

| 下垂型 | 直立型 | 普通型 | 边墙型 | 吊顶型 |

图 3-21　闭式喷头类型

2) 开式喷头

开式喷头无感温元件也无密封组件,喷水动作由阀门控制。工程上常用的开式喷头有开式洒水喷头、水幕洒水喷头及喷雾洒水喷头 3 种。

表 3-8 喷头的动作温度和色标

类 别	公称动作温度/℃	色标	接管直径 DN/mm	最高环境温度/℃	连接形式
易熔合金喷头	55～77	本色	15		螺纹
	79～107	白色	15	42	螺纹
	121～149	蓝色	15	68	螺纹
	163～191	红色	15	112	螺纹
玻璃球喷头	57	橙色	15	27	螺纹
	68	红色	15	38	螺纹
	79	黄色	15	49	螺纹
	93	绿色	15	63	螺纹
	141	蓝色	15	111	螺纹
	182	紫红色	15	152	螺纹

（1）开式洒水喷头。常用于雨淋系统和其他开式系统的场所。

（2）水幕洒水喷头。常用于按需保护的门、窗、洞、舞台口等处。

（3）喷雾洒水喷头。主要用于需保护的石油化工装置、电力设备等处。

3）特殊喷头

特殊用途和结构的喷头主要有自动启闭洒水喷头、快速响应喷头、大水滴洒水喷头、扩大覆盖面洒水喷头和汽水喷头等。

各种喷头的适用场所见表 3-9。

表 3-9 各种喷头的适用场所

喷头类型	喷头类别	适 用 场 所
闭式喷头	玻璃球洒水喷头	宾馆等对美观要求高和具有腐蚀性场所
	易熔合金洒水喷头	对外观要求不高、腐蚀性不大的工厂、仓库和民用建筑
	直立型洒水喷头	安装在管路下经常有移动物体场所以及尘埃较多的场所
	下垂型洒水喷头	各种保护场所
	边墙型洒水喷头	空间狭窄、通道状场所
	吊顶型洒水喷头	装饰型喷头,安装在宾馆、餐厅、办公室等场所
	普通型洒水喷头	有可燃吊顶的房间
	干式下垂型洒水喷头	使用干式喷水灭火系统的场所
开式喷头	开式洒水喷头	雨淋灭火系统和其他开式系统的场所
	水幕洒水喷头	需保护的门、窗、洞、舞台口等处
	喷雾洒水喷头	需保护的石油化工装置、电力设备等处

喷头类型	喷头类别	适 用 场 所
特殊喷头	自动启闭洒水喷头	需降低水渍损失场所
	快速反应洒水喷头	需灭火系统起动时间短的场所
	大水滴洒水喷头	高架库房等火灾危险等级高的场所
	扩大覆盖面洒水喷头	保护面积 $30 \sim 36m^2$，可降低系统造价

2. 报警阀

报警阀是自动喷水灭火系统中开启和关闭管道系统中的水流，同时传递控制信号到控制系统，驱动水力警铃直接报警的装置。根据其构造和功能分为湿式报警阀[图 3-22 (a)]、干式报警阀[图 3-22(b)]、干湿两用报警阀、雨淋报警阀[图 3-22(c)]和预作用报警阀等。

(a) 湿式报警阀 　　　　　　(b) 干式报警阀 　　　　　　(c) 雨淋报警阀

图 3-22　报警阀类型

1）湿式报警阀

湿式报警阀主要用于湿式自动喷水灭火系统中，在其立管上安装。湿式报警阀组主要包括湿式报警阀、延迟器、压力开关、水力警铃、水源蝶阀、压力表等。

喷头开启喷水时，管路中的水流动，湿式报警阀能自动打开，并使水流进入延迟器、水力警铃，发出报警信号，同时启动水泵。

2）干式报警阀

干式报警阀主要用于干式自动喷水灭火系统中，在其立管上安装。

3）干湿两用报警阀

干湿两用报警阀用于干湿两用自动喷水灭火系统。由湿式、干式报警阀依次连接而成，在温暖季节用湿式装置，在寒冷季节则用干式装置。

4）雨淋报警阀

雨淋报警阀用于雨淋灭火系统、水喷雾系统、水幕系统等开式系统，还用于预作用系统。

5）预作用报警阀

预作用阀由湿式阀和雨淋阀上下串接而成,雨淋阀位于供水侧,湿式阀位于系统侧,适用于预作用自动喷水系统。

3. 水流报警装置

水流报警装置包括水流指示器、水力警铃、压力开关、延迟器等,如图3-23所示。

水流指示器

水力警铃

压力开关

延迟器

图3-23 水流报警装置

1）水流指示器

水流指示器用于湿式灭火系统中,当某个喷头开启喷水或管网发生水量泄漏时,管道中的水流动,引起水流指示器中桨片随水流而动作,接通延时电路20～30s之后,继电器触电吸合发出区域水流电信号,送至消防控制室。

通常将水流指示器安装于各楼层的配水干管或支管上。

2）水力警铃

水力警铃主要用于湿式喷水灭火系统,宜装在报警阀附近(其连接管不宜超过6m)。当报警阀打开消防水源后,具有一定压力的水流冲动叶轮打铃报警。

水力警铃不得由电动报警装置取代。

3）压力开关

垂直安装于延迟器和水力警铃之间的管道上。在水力警铃报警的同时,依靠警铃管内水压的升高自动接通电触点,完成电动警铃报警,向消防控制室传送电信号或启动消防水泵。

4）延迟器

延迟器安装于报警阀与水力警铃(或压力开关)之间。其作用是防止水压波动引起报警阀开启而导致的误报。报警阀开启后,水流需经30s左右充满延迟器后方可冲打水力警铃。

4. 末端试水装置

末端试水装置可以测试系统在开放一只喷头的最不利条件下能否可靠报警并正常启动,安装在自动喷水灭火系统中的每个水流指示器作用范围内供水最不利处,用于检验水压、检测水流指示器以及报警与自动喷水灭火系统、水泵联动装置的可靠性。该装置由试水阀、压力表、试水接头组成,如图3-24所示。

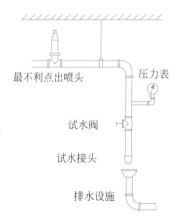

图3-24 末端试水装置

末端试水装置的出水应采取孔口出流的方式排入排水管道。

5. 火灾探测器

火灾探测器是自动喷水灭火系统的重要组成部分。火灾探测器接到火灾信号后，通过电气自控装置进行报警和启动消防设备。常用的有感烟探测器和感温探测器，如图 3-25 所示。

感烟探测器   感温探测器

图 3-25　火灾探测器

1）感烟探测器

利用感烟探测器对火灾发生地点的烟雾浓度进行探测。

2）感温探测器

通过感温探测器对火灾引起的温升进行探测。

火灾探测器布置在房间或走道的天花板下面，其数量应根据探测器的保护面积和探测区面积计算而定。

3.5　自动喷水灭火系统设计

自动喷水灭火系统的设计，就是根据建筑物的用途、室内物品情况，查阅规范确定建筑物的火灾危险等级，确定喷淋系统的设计流量，布置喷头和管网，确定喷淋给水管道的直径、系统所需水压、水箱高度，选择消防水泵。

自动喷水灭火系统设计计算步骤如下。

（1）根据建筑物火灾危险等级，确定自动喷水灭火系统的设计喷水强度、作用面积、喷头设计压力及喷头间距。

（2）布置管道和喷头。

（3）在管网系统图上确定最不利区，在最不利区划定矩形的作用面积，长边平行于支管，其长度不宜小于作用面积平方根的 1.2 倍。

（4）计算喷头和各管段流量，确定管径并计算各管段的水头损失。

（5）确定系统所需水压。

（6）选择增压设备及储水装置。

3.5.1 自动喷水灭火系统基本数据

1. 危险等级

自动喷水灭火系统设置场所的危险等级是根据建筑物的用途、容纳物品的火灾荷载及室内空间条件等因素,在分析火灾特点和热气流驱动洒水喷头开放及喷水到位的难易程度以及疏散和外部援助条件后确定的。设置场所的火灾危险等级划分见表3-10。

表3-10 设置场所的火灾危险性等级

火灾危险等级		设置场所举例
轻危险级		建筑高度为24m及以下的旅馆、办公楼
中危险级	Ⅰ级	(1) 高层民用建筑:旅馆办公楼、综合楼、邮政楼、金融楼 (2) 公共建筑:医院、疗养院、图书馆、档案馆、影视院、音乐厅、礼堂等 (3) 文化遗产建筑:木结构古建筑、国家文物保护单位 (4) 工业建筑:食品、家用电器、玻璃制品等建筑
	Ⅱ级	(1) 民用建筑:书库、舞台、汽车停车场等 (2) 工业建筑:棉毛麻丝及化纤纺织、织物及织品、谷物加工、烟草、饮用酒、皮革制品厂、造纸及纸制品、制药等建筑
严重危险级	Ⅰ级	印刷厂、酒精制品、可燃液体制品厂等
	Ⅱ级	易燃液体喷雾操作区、固体易燃物品、可燃气溶胶制品、溶剂、油漆、沥青制品厂等建筑

2. 自动喷水系统设计基本参数

1)喷水强度

喷水强度是指单位时间内在单位面积上的水量,单位为 $L/(min \cdot m^2)$。

2)作用面积

作用面积是指一次火灾中系统按喷水强度保护的最大面积,单位为 m^2。

3)喷淋用水量

喷淋系统的设计用水量为设计喷水强度与作用面积的乘积,单位为 L/s。

不同危险等级的民用建筑和工业厂房的自动喷水系统设计基本参数见表3-11。

表3-11 不同危险等级的民用建筑和工业厂房的自动喷水系统设计基本参数

火灾危险等级		喷水强度/ $L \cdot (min \cdot m^2)^{-1}$	作用面积 /m^2	喷头工作压力 /MPa	计算用水量 /(L/s)
轻危险级		4			11
中危险级	Ⅰ级	6	160		16
	Ⅱ级	8		0.10	21
严重危险极	Ⅰ级	12	260		52
	Ⅱ级	16			69

注:① 系统最不利点处喷头工作压力不应低于0.05MPa。

② 仅在走道设置单排喷头的闭式系统的作用面积按最大疏散距离对应的走道面积确定。

3.5.2　喷头布置

1. 喷头的布置原则

喷头的布置应满足喷头的水力特性和布水特性的要求,使被保护场所的任何部位发生火灾时都能受到设计喷水强度的喷头保护。该原则具有以下含义。

(1) 喷头应设在顶板或吊顶下易于接触到火灾热气流的部位,使喷头的热敏元件在最短时间内受热动作。

(2) 应使喷头的洒水均匀分布,不出现未被覆盖区域或过多重复覆盖的面积。

(3) 应处理障碍物的遮挡,如果无法满足与障碍物的距离要求,应增设喷头。

2. 喷头的间距

喷头的布置形式应根据天花板、吊顶的装饰要求布置成正方形、长方形、菱形等形式,如图 3-26 所示。

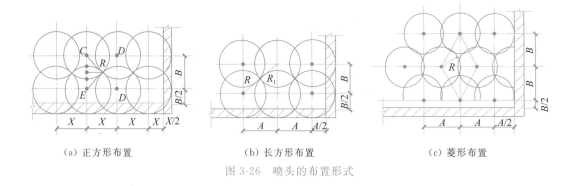

(a) 正方形布置　　　　　(b) 长方形布置　　　　　(c) 菱形布置

图 3-26　喷头的布置形式

(1) 正方形布置时喷头间距(X 为喷头间距;R 为喷头计算半径):

$$X = 2R\cos 45°$$

(2) 长方形布置时喷头间距(A 为长边喷头间距;B 为短边喷头间距):

$$\sqrt{A^2 + B^2} \leqslant 2R$$

(3) 菱形布置时喷头间距:

$$A = 4R\cos 30°\sin 30°$$
$$B = 2R\cos 30°\sin 30°$$

喷头的间距应根据火灾危险等级、系统喷水强度、喷头流量系数和工作压力确定,对于直立型、下垂型喷头,其间距应不大于表 3-12 的规定,且不宜小于 2.4m。

标准直立、下垂型喷头溅水盘与顶板的距离不应小于 75mm,且不应大于 150mm(吊顶型、吊顶下安装的喷头除外)。

对于边墙型标准喷头,其最大保护跨度与间距应符合表 3-13 的规定。

表 3-12　同一根配水支管上喷头的间距及相邻配水支管的间距

喷水强度/ L・(min・m²)⁻¹	正方形布置的边长 /m	长方形或菱形布置的 长边边长/m	一只喷头的最大 保护面积/m²	喷头与墙端的 最大距离/m
4	4.4	4.5	20.0	2.2
6	3.6	4.0	12.5	1.8
8	3.4	3.6	11.5	1.7
≥12	3.0	3.6	9.0	1.5

注：① 仅在走道上布置单排喷头的闭式系统，其喷头间距应按走道地面不留漏喷空白点确定。

② 货架内置喷头的间距不应小于2m，且不应大于3m。

③ 喷水强度大于 8 L/(min・m²)时，宜采用流量系数 $K>80$ 的喷头。

表 3-13　边墙型标准喷头的最大保护跨度与间距　　　　　单位:m

项　　目	设置场所的危险等级	
	轻危险级	中危险Ⅰ级
配水支管上喷头的最大间距	3.6	3.0
单排喷头的最大保护跨度	3.6	3.0
两排相对喷头的最大保护跨度	7.2	6.0

注:① 两排相对喷头应交错布置;

② 室内跨度大于两排相对喷头的最大保护跨度时,应在两排相对喷头中间增设一排喷头。

直立式边墙型喷头,其溅水盘与顶板的距离不应小于100mm,且不宜大于150mm,与背墙的距离不应小于50mm,且不应大于100mm。水平式边墙型喷头溅水盘与顶板的距离不应小于150mm,且不应大于300mm。

3.5.3　管道布置

1. 管网布置

1）报警阀前的管网

当自动喷水灭火系统中设有两个及以上报警阀组时,报警阀前的管网应设置成环状管网。

2）报警阀后的管网

报警阀后的管网可分为枝状管网、环状管网和格栅状管网,如图 3-27 所示。采用环状管网的目的是减少系统管道的投资和使系统布水更均匀。自动喷水系统的环状管网一般为一个环,当多环时为格栅状管网。

枝状管网分为侧边末端进水、侧边中央进水、中央末端进水和中央中心进水 4 种形式。

（1）一般轻危险等级宜采用侧边末端进水、侧边中央进水。

（2）中危险等级宜采用中央末端进水和中央中心进水,以及环状管网,对于民用建筑为节约吊顶空间的可采用环状管网,一般配水干管的管径为DN80～DN100,并应经水力计算确定。

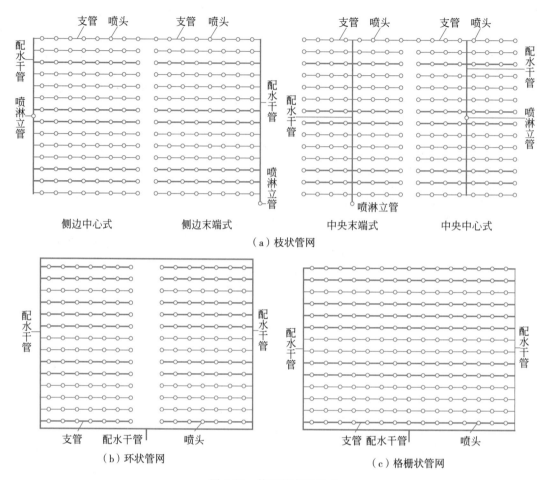

图 3-27　管网的布置形式

（3）严重危险等级和仓库危险等级宜采用环状管网和格栅状管网。

（4）湿式系统可采用任何形式的管网,但干式、预作用系统不应采用格栅状管网。

2. 管网布置的水压要求

自动喷水灭火系统水压应按最不利点的工作压力确定。

闭式自动喷水灭火系统最不利点喷头水压为 0.98MPa,不小于 0.49MPa。

自喷系统配水管道的布置应使配水管入口的压力均衡。轻危险级、中危险级场所中各配水管入口的压力均不宜大于 0.40MPa。

3. 管网的喷头数量要求

一般情况下,配水管两侧每根配水支管控制的标准喷头数:轻危险级、中危险级场所不应多于 8 个;同时在吊顶上下安装喷头的配水支管,上下侧均不应超过 8 个;严重危险级及仓库危险级场所不应超过 6 个。

轻、中危险级系统中配水支管、配水管控制的标准喷头数不宜超过表 3-14 的规定,本表仅用于系统的控制喷头数量,不应作为系统设计管网管径用。

表 3-14 轻、中危险级系统中配水支管、配水管控制的标准喷头数

公称直径/mm	控制的标准喷头数/只	
	轻危险级	中危险级
25	1	1
32	3	3
40	5	4
40	5	4
50	10	8
65	18	12
80	48	32
100		64

3.5.4 喷淋系统设计实例

【例 3-2】 喷淋系统设计。

某总建筑面积小于 5 000m² 的商场内最不利配水区域的喷头布置如图 3-28 所示,试确定自动喷水灭火系统的设计流量。

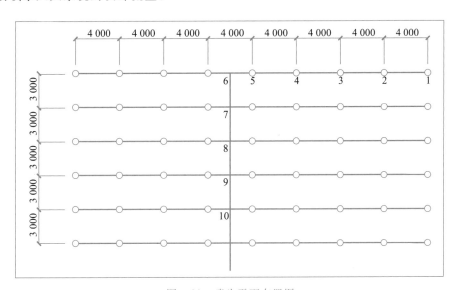

图 3-28 喷头平面布置图

【解】 查表 3-10 知设置场所的火灾危险等级为中危险Ⅰ级,查表 3-11 知喷水强度为 6L/(min·m²),作用面积为 160m²,由图 3-28 可知 1 只喷头的保护面积等于 12m²。

因此作用面积内的喷头数应为 160/12=13.3(只),取 14 只。

实际作用面积为 14×12=168(m²)。

作用面积的平方根等于 12.6m,作用面积长边的长度不应小于 1.2×12.6=15.12 (m),根据喷头布置情况,实际取 16m。

喷头 1 为最不利喷头,实际作用面积为图 3-29 中虚线所包围的面积。

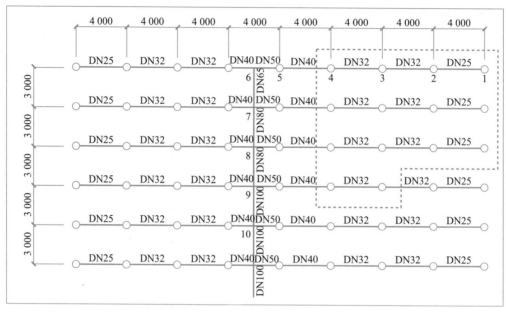

图 3-29　水力计算草图

参照表 3-14 确定各管段直径,标注在图 3-29 中。

第一个喷头的流量:

$$q_1 = DA_s = 6 \times 12 = 72 (\text{L/min})$$

第一个喷头的工作压力:

$$P_1 = 0.1 \times \left(\frac{q_1}{K}\right)^2 = 0.1 \times \left(\frac{72}{80}\right)^2 = 0.081 (\text{MPa})$$

依次计算管段流量、流速、水头损失、喷头压力、喷头出流量,列入表 3-15 中。

表 3-15　水力计算结果

节点编号	管段编号	节点压力/ MPa	喷头流量/ (L/min)	管段流量/ (L/s)	管径/ mm	流速/ (m/s)	水头损失/ MPa
1		0.081					
2	1~2	0.115	72	1.20	25	2.44	0.034
3	2~3	0.157	85.8	2.63	32	3.27	0.042
4	3~4	0.277	100.2	4.30	32	5.35	0.120
5	4~5	0.361	133.1	6.52	40	5.19	0.084
6	5~6	0.385		6.52	50	3.32	0.024
7	6~7	0.390		13.08	65	1.96	0.005
8	7~8	0.397	(393.6)	19.70	80	2.60	0.007
9	8~9	0.414	(397.1)	23.73	80	3.92	0.017
10	9~10		(241.9)		100	3.02	

表 3-15 中括号内的数值为支管流量,节点 9 以后的管径和流量均不再变化,系统的设计流量为 23.73L/s。

3.6　建筑消防系统的安装

3.6.1　室内消火栓系统的安装

室内消火栓系统安装的工艺流程:施工准备→消防水泵安装→干管、立管安装→消火栓及支管安装→消防水箱和水泵接合器安装→管道试压→管道冲洗→消火栓配件安装→系统通水调试。

1. 安装准备

安装准备包括熟悉图纸,检查预埋件和预留洞,检查管材、管件设备等。

2. 干管、立管安装

消火栓消防系统干管安装应根据设计要求使用管材;管道穿墙处不得有接口(丝接或焊接),管道穿过伸缩缝处应有防护措施。

立管暗装在竖井内时,需采取防止立管下坠措施;立管明装时每层楼板要预留孔洞。

3. 消火栓及支管安装

消火栓栓口中心距地面 1.1m,消火栓支管要以消火栓的位置和标高定位。

消火栓箱安装在轻质隔墙上时,应有加固措施。

消火栓箱内的配件应在交工前进行安装。

4. 消防水泵、高位水箱和水泵接合器安装

消防水泵应采用自灌式吸水,水泵基础按图纸施工,吸水管加减振接头;水泵配管安装应在水泵定位找平正、稳固后进行。

高位水箱应在结构封顶及塔吊拆除前就位,并应做满水试验。

水泵接合器一端由室内消防给水干管引出,另一端设于消防车易于使用和接近的地方。

5. 管道试压

消防管道试压可分层、分段进行,上水时最高点要有排气装置,高低点各装一块压力表,上满水后检查管路有无渗漏。

6. 管道冲洗

消防管道在试压完后可连续做冲洗工作。冲洗前先将系统中的流量减压孔板、过滤装置拆除,冲洗水质合格后再重新装好。

7. 系统通水调试

消防系统通水调试应达到消防部门测试规定条件。消防水泵应接通电源并已试运转,测试最不利点的消火栓的压力和流量能满足设计要求。

3.6.2　自动喷水灭火系统的安装

自动喷水灭火系统安装的工艺流程：施工准备→喷淋水泵管安装→干管、立管安装→消防接合器及报警阀组安装→支管安装→分层或分区强度试验及冲洗→喷头、水流指示器安装→系统严密性试验→系统调试。

1. 安装准备

安装准备工作见消火栓系统安装。

2. 喷淋水泵安装

安装喷淋水泵。

3. 干管、立管安装

安装时应遵循先装大口径、总管、立管，后装小口径、分支管的原则。

4. 报警阀的安装

报警阀应设在明显、易于操作的位置。报警阀组装时应按产品说明书和设计要求，控制阀应有启闭指示装置，并使阀门处于常开状态。

5. 支管安装

管道的分支预留口在吊装前应先预制好。喷洒头支管安装要与吊顶装修同步进行。

6. 分层或分区强度试验及冲洗

将需要试验的分层或分区与其他地方用盲板隔离开，同时用丝堵将喷头位置临时堵上，在分区最不利点安装压力检测表。

喷淋管道在强度试压完成后可启动水泵进行冲洗。

7. 喷头、水流指示器安装

喷头安装应在管道系统完成试压、冲洗后，且待建筑物内装修完成后进行安装。

水流指示器一般安装在每层的水平分支干管或某区域的分支干管上。

8. 系统严密性试验

喷淋系统试压应在封吊顶前进行。

9. 系统调试

系统调试包括水源测试、消防水泵测试、报警阀测试、排水装置测试和联动试验。

小　结

本学习情境介绍了消防灭火系统的种类和适用范围；室内消火栓给水系统的设计计算；自动喷水灭火系统的设计计算；建筑消防系统的安装等内容。

学习笔记

复习思考题

1. 火灾的类型有哪些？灭火机理是什么？

2. 室内消火栓给水系统的组成是什么？

3. 消火栓给水系统的供水方式有哪些？

4. 简述消火栓系统的设计步骤。

5. 常用的自动喷水灭火系统有哪些种类？

6. 自动喷水灭火系统的组成是什么？

7. 简述自动喷水灭火系统的设计步骤。

8. 室内消火栓系统和自动喷水灭火系统的安装工艺流程是怎样的？

实践任务：调研建筑中的消防系统

3 人为一组，调研校园建筑，得出哪些设置了消火栓系统？哪些设置了喷淋系统？

调 研 报 告

学习情境 4 建筑热水系统

学习目标

1. 了解热水系统的组成;
2. 熟悉水质、水温、热水用水定额;
3. 熟悉热水系统管材、附件及设备;
4. 掌握热水系统计算方法和设备选型;
5. 熟悉热水系统的安装方法和质量要求。

学习内容

1. 热水供应系统概述;
2. 热水供应系统的管材和附件;
3. 热水系统供水方式和循环方式;
4. 热水供应系统的设计;
5. 建筑热水系统安装。

4.1 热水供应系统概述

建筑室内热水供应系统是水的加热、储存和输配的总称,其任务是按水量、水温和水质的要求,将冷水加热并储存在热水储水器中,通过输配管网供应至热水用户,满足人们生活和生产对热水的需求。

4.1.1 热水供应系统分类

热水供应系统按供应热水的范围可分为局部热水供应系统、集中热水供应系统和区域热水供应系统。其特点和适用范围见表 4-1。

表 4-1 热水供应系统分类

类 型	含 义	特 点	适用范围	热 源	举 例
局部热水供应系统	供单个或数个配水点热水	靠近用水点设小型加热设备,供水范围小,管路短,热损小	用量小且较分散的建筑	蒸汽、燃气、炉灶余热或太阳能等	单个厨房、浴室等

类　型	含　义	特　点	适用范围	热　源	举　例
集中热水供应系统	供一幢或数幢建筑物热水	在锅炉房或换热站集中制备,供水范围较大,管网较复杂,设备多,一次投资大	耗热量大,用水点多而集中的建筑	工业余热、废热、地热和太阳热;城市热力管网或区域性锅炉房	标准较高的住宅、高级宾馆、医院、公共浴室、疗养院、体育馆、游泳池、酒店等
区域热水供应系统	供区域整个建筑群热水	在区域锅炉房的热交换站制备,供水范围大,管网复杂,热损大,设备多,自动化程度高,投资大	用于城市片区、居住小区的整个建筑群	热电厂、区域性锅炉房或热交换站	通过城市热力管网输送到居住小区、街区、企业及单位

4.1.2　热水供应系统的组成

热水供应系统由以下 3 部分构成。

1. 热媒系统（第一循环系统）

热媒系统由热源、水加热器和热媒管网组成。锅炉产生的蒸汽(或高温水)经热媒管道送入水加热器,加热冷水后变成凝结水,靠余压经疏水器流回到凝结水池,冷凝水和补充的软化水由凝结水泵送入锅炉重新加热成蒸汽,如此循环完成水的加热过程。

2. 热水配水管网（第二循环系统）

热水供水系统由热水配水管网和循环管网组成。配水管网将在加热器中加热到一定温度的热水送到各配水点,冷水由高位水箱或给水管网补给;为保证用水点的水温,支管和干管设循环管网,用于使一部分水回到加热器重新加热,以补充管网所散失的热量。

3. 附件和仪表

为满足热水系统中控制和连接的需要,常使用的附件包括各种阀门、水嘴、补偿器、疏水器、自动温度调节器、温度计、水位计、膨胀罐和自动排气阀等。

典型的集中热水供应系统见图 4-1。

组成:热源、热媒管网、热水输配管网、循环水管网、热水储存水箱、循环水泵、加热设备及配水附件等。

工作过程:锅炉产生的蒸汽经热媒管送入水加热器把冷水加热,凝结水回凝水池,再由凝结水泵打入锅炉加热成蒸汽。由冷水箱向水加热器供水,加热器中的热水由配水管送到各用水点。为保证热水温度,补偿配水管的热损失,需设热水循环管。

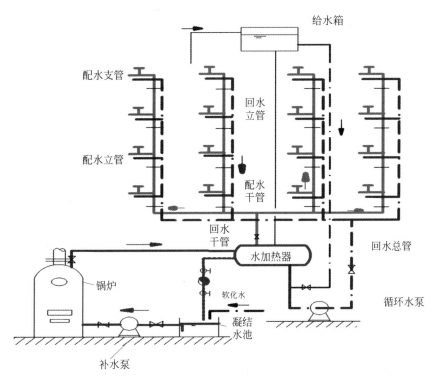

图 4-1　集中式热水供应系统

4.1.3　热水供应系统的热源

1. 集中供应系统

集中热水供应系统的热源,宜首先利用工业余热、废热、地热和太阳能,当没有条件利用时,宜优先采用能保证全年供热的热力管网作为集中热水供应的热源;当区域性锅炉房或附近的锅炉房能充分供给蒸汽或高温水时,宜采用蒸汽或高温水作为集中热水供应系统的热媒。

当上述条件都不具备时,可设燃油、燃气热水机组或电蓄热设备等供给集中热水供应系统的热源或直接供给热水。

2. 局部供应系统

局部热水供应系统的热源宜采用太阳能、电能、燃气及蒸汽等。

4.1.4　热水供应系统中的加热设备

加热设备是热水供应系统的重要组成部分,需根据热源条件和系统要求合理选择。热水供应系统中的加热设备通常为以蒸汽或高温水为热媒的水加热设备。

热水系统的加热设备分为局部加热设备和集中热水供应系统的加热和储热设备。其中局部加热设备包括燃气热水器、电热水器、太阳能热水器等;集中加热设备包括燃煤(燃油、燃气)热水锅炉、热水机组、容积式水加热器、半容积式水加热器、快速式水加热器和半即热式水加热器等。

1. 局部加热设备

1）燃气热水器

燃气热水器按构造不同,可分为直流式和容积式两种。

直流式燃气热水器一般安装在用水点就地加热,可随时点燃并可立即取得热水,供一个或几个配水点使用,常用于厨房、浴室、医院手术室等局部热水供应。

容积式燃气热水器能储存一定容积的热水,使用前应预先加热,可供几个配水点或管网,常用于住宅、公共建筑和工业企业的局部或集中热水供应。

2）电热水器

电热水器按构造不同,分为快速式和容积式两种。

快速式电热水器无储水容积,使用时无须预先加热,通水通电后即可得到热水,具有体积小、质量轻、热损失少、效率高、安装方便、易调节水量和水温等优点,但电耗大,在缺电地区受到一定限制。

容积式电热水器具有一定的储水容积,其容积从 $0.01 \sim 10 \text{m}^3$ 不等,在使用前需预先加热到一定温度,可同时供应几个热水用水点在一段时间内使用,具有耗电量小、使用方便等优点,但热损失较大,适用于局部热水供应系统。

3）两用型燃气壁挂炉

两用型燃气壁挂炉具有供暖和提供生活热水两个功能。通常用于家庭多房间采暖以及满足沐浴、厨房等热水需求。

燃气壁挂炉多采用天然气、城市煤气或液化气作为燃料,能源利用效率较高。

4）太阳能热水器

太阳能热水器是利用太阳能转化为热能,把水加热并提供热水的装置。

太阳能热水器绿色节能、结构简单、维护方便、使用安全、费用低廉,但受天气、季节等影响,不能连续稳定运行,需配储热和辅助电加热设施,且占地面积较大,受到一定限制。

常用局部加热设备见图 4-2。

(a) 燃气热水器   (b) 电热水器   (c) 太阳能热水器

图 4-2 局部加热设备

2. 集中热水供应系统的加热和储热设备

1）热水锅炉

根据使用燃料不同,热水锅炉可分为燃煤锅炉、燃油锅炉和燃气锅炉。

　　燃煤锅炉燃料价格低、运行成本低,但存在烟尘和煤渣,会对环境造成污染。目前,许多地方已限制或禁止使用燃煤锅炉。

　　燃油(燃气)锅炉通过燃烧器向正在燃烧的炉膛内喷射雾状油或燃气,燃烧迅速、完全,具有构造简单、体积小、热效高、排污总量少、管理方便等优点。

　　2)容积式水加热器

　　容积式水加热器是一种间接加热设备,内设换热管束并具有一定的储热容积,既可加热冷水又可储备热水,常用热媒为饱和蒸汽或高温水,分立式和卧式两种。

　　容积式水加热器的主要优点是具有较大的储存和调节能力,被加热水流速低,压力损失小,出水压力平稳,水温较稳定,供水较安全。但该加热器传热系数小,热交换效率较低,体积庞大。

　　3)快速式水加热器

　　快速式水加热器是热媒与冷水通过较高速度流动进行快速换热的间接加热设备。

　　快速式水加热器体积小、安装方便、热效高,但不能储存热水、水头损失大、出水温度波动大,适用于用水量大且比较均匀的热水供应系统。

　　4)半容积式水加热器

　　半容积式水加热器是带有适量储存与调节容积的内藏式水加热器。

　　半容积式水加热器的储热容积小,具有加热快、换热充分、供水温度稳定、节水节能的优点,但由于内循环泵不间断运行,对质量要求较高。

　　5)半即热式水加热器

　　半即热式水加热器是带有超前控制,具有少量储水容积的快速式水加热器。

　　半即热式水加热器具有传热系数大、热效高、体积小、加热速度快、占地面积小等特点,适用各种不同负荷需求的机械循环热水供应系统。

　　6)加热水箱和热水储水箱

　　加热水箱是一种直接加热的热交换设备,在水箱中安装蒸汽穿孔管或蒸汽喷射器,给冷水直接加热。也可在水箱内安装排管或盘管给冷水间接加热。加热水箱常用于公共浴室等用水量大而均匀的定时热水供应系统。

　　热水储水箱(罐)是专门调节热水量的设施,常设在用水不均匀的热水供应系统中,用以调节水量、稳定出水温度。

　　加热设备的选择应综合考虑热源条件、建筑物功能及热水用水规律、耗热量和维护管理等因素,经综合比较后确定。

4.2　热水供应系统的管材和附件

4.2.1　热水供应系统的管材和管件

1. 管道材料

　　热水供应系统的管材常见的有金属管材和非金属管材。

　　热水系统选择管材和管件时,应考虑以下几点。

（1）热水供应系统采用的管材和管件应符合现行产品标准的要求。

（2）热水管道的工作压力和工作温度不得大于产品标准标定的允许工作压力和工作温度。

（3）热水管道应选用耐腐蚀、安装方便、符合饮用水卫生要求的管材及相应的配件。可采用薄壁铜管、薄壁不锈钢管、PP-R管、PB管、PE-X管、铝塑复合管等。

（4）当选用热水塑料管和复合管时，应按允许温度下的工作压力选择，管件宜采用管道相同的材质，不宜采用对温度变化较敏感的塑料热水管，设备机房内的管道不宜采用塑料热水管。

2. 管道的保温

为减少热水制备和输送过程中无效的热损失，热水供应系统中的水加热设备，储热水器，热水箱，热水供水干管、立管，机械循环的回水干管、立管，有冰冻可能的自然循环回水干管、立管均应保温。一般选择导热系数低、耐热性高、不腐蚀金属、密度小并有一定的孔隙率、吸水性低且有一定机械强度、易施工、成本低的材料作为保温材料。

热水供、回水管、热媒水管常用的保温材料为岩棉、超细玻璃棉、硬聚氨酯、橡塑泡棉等材料，其保温层厚度应按规范选取。

4.2.2 热水供应系统的附件

热水供应系统除了需要设置必要的检修阀门和调节阀门外，还要安装一些附件，用于控制热水温度，解决热水膨胀、系统排气、管道伸缩等问题，从而确保热水给水系统安全可靠地运行。

微课：热水系统中的附件

1. 自动温度调节器

热水供应系统中为实现节能节水、安全供水，应在水加热设备的热媒管道上安装自动温度调节装置来控制出水温度，见图4-3。

自动温度调节器由阀门和温包组成，温包放在水加热器热水出口管道内，感受温度自动调节阀门的开启及开启度大小，阀门放置在热媒管道上，自动调节进入水加热器的热媒量。

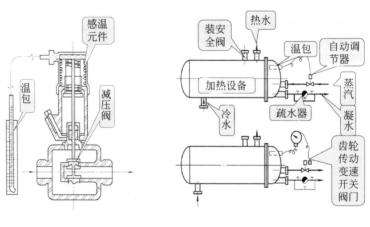

（a）构造图　　　　　　（b）安装示意图

图4-3　自动温度调节器

2. 减压阀

减压阀是利用流体通过阀瓣产生阻力而减压并达到所求值的自动调节阀,其阀后压力可在一定范围内调整。

减压阀按结构形式可分为波纹管式、活塞式、膜片式3类。减压阀应安装在水平管段上,阀体直立,安装节点还应设置阀门、安全阀、压力表、旁通管等附件,见图4-4。

图 4-4 减压阀

3. 疏水器

疏水器的作用是保证热媒管道汽水分离,不产生汽水撞击、管道振动和噪声,延长设备使用寿命;自动排出管道和设备中的凝结水,同时又阻止蒸汽流失。

疏水器宜设置在蒸汽立管最低处、蒸汽管下凹处的下部。

工程中常用的疏水器有吊桶式疏水器和热动力式疏水器,见图4-5。

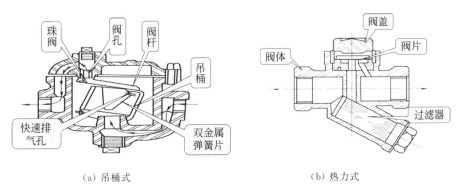

(a) 吊桶式 　　　　　　　　　　(b) 热力式

图 4-5 疏水器

4. 自动排气阀

自动排气阀用于排除热水管道系统中热水气化产生的气体,以保证管内热水畅通,防止管道腐蚀,一般在热水管道积聚空气的地方、管道最高处设自动排气阀,见图4-6。

图 4-6 自动排气阀

5. 自然补偿管道和伸缩器

热水供应系统中管道因受热膨胀伸长或因温度降低收缩而产生应力，为保证管网的使用安全，在热水管网上应采取补偿管道温度伸缩的措施，以避免管道因承受了超过自身所许可的内应力而导致弯曲甚至破裂或接头松动。

1）自然补偿管道

自然补偿管道即为管道敷设时自然形成的 L 形或 Z 形弯曲管段和方形补偿器，来补偿直线管段部分的伸缩量，通常在转弯前后的直线段上设置固定支架，让其伸缩在弯头处补偿，一般 L 形臂和 Z 形平行伸长臂不宜大于 20～25m，见图 4-7。

(a) L 形   (b) Z 形

图 4-7　自然补偿

2）伸缩器

当直线管段较长无法利用自然补偿时，应每隔一定的距离设置伸缩器。常用的有套管伸缩器、波纹管伸缩器，也可用可曲挠橡胶接头替代补偿器，但必须采用耐热橡胶制品。

套管伸缩器适用于管径大于或等于 100mm 的直线管段中，伸长量可达 250～400mm。波纹管伸缩器常用不锈钢制成，用法兰或螺纹连接，具有安装方便、节省面积、外形美观及耐高温、耐腐蚀、寿命长等特点，见图 4-8。

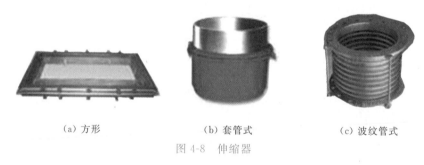

(a) 方形   (b) 套管式   (c) 波纹管式

图 4-8　伸缩器

6. 膨胀管、膨胀水箱和安全阀

在热水供应系统中，冷水被加热后，体积要膨胀，对于闭式系统，当配水点不用水时，会增加系统的压力，系统有超压的危险，因此要设膨胀管、膨胀水箱（膨胀水罐）和安全阀。

1）膨胀管

膨胀管用于由高位冷水箱向水加热器供应冷水的开式热水系统，当系统中的水被加热而体积膨胀后，可将多余的水溢到水箱，使系统始终保持与水箱高度相同的压力。膨胀管上严禁设阀门，以防止误关后因压力升高对管道造成破坏。

2）膨胀水箱和安全阀

日用水量小于或等于 10m³ 的系统可采取设置安全阀或泄压阀的泄压措施。日用热水量大于10m³的闭式热水供应系统,可设压力膨胀水箱(膨胀罐)和安全阀。

膨胀水箱能吸收储热设备及管道内水升温时的膨胀量,防止系统超压,保证系统安全运行。膨胀水箱宜设置在水加热器和止回阀之间的冷水进水管或热水回水管的分支管上。

安全阀应垂直安装在锅炉、水加热器和管路的最高点。排气管应通至室外,以防排气伤人。

4.3　热水系统供水方式和循环方式

4.3.1　热水供水方式

1. 热水加热方式

根据加热冷水的方式,可分为直接加热和间接加热两种,具体特点见表 4-2。

表 4-2　热水加热方式

类型	特点	适用范围
直接加热 (一次换热)	热水锅炉将冷水直接加热到所需的温度,或将蒸汽直接通入冷水混合制备热水	公共浴室、洗衣房、工矿企业等
间接加热 (二次换热)	将热媒通过水加热器把热量传递给冷却水达到加热冷水的目的,在加热过程中热媒和冷水不接触	旅馆、住宅、医院、办公楼等

2. 热水供应方式

1）全日供应和定时供应

按热水供应的时间分为全日供应方式和定时供应方式。

全日供应方式是指热水供应管网在全天任何时刻都保持设计的循环水量,热水配水管网全天任何时刻都可正常供水,并能保证配水点的水温。

定时供应方式是指热水供应系统每天定时供水,其余时间系统停止运行。此方式在供水前,利用循环水泵将管网中已冷却的水强制循环到水加热器进行加热,达到使用温度才使用。

2）开式系统和闭式系统

根据热水管网的压力工况不同,可分为开式系统和闭式系统两类。

开式热水供水方式,在配水点关闭后系统仍与大气相通。此方式一般在管网顶部设有开式热水箱或冷水箱和膨胀管,水箱的设置高度决定系统的压力,而不受外网水压波动的影响,供水安全可靠、用户水压稳定,但开式水箱易受外界污染,且占用建筑面积和空间。此方式适用于用户要求水压稳定又允许设高位水箱的热水系统。

闭式热水供水方式,在配水点关闭后系统与大气隔绝,形成密闭系统。此系统的水加热器设有安全阀、压力膨胀罐,以保证系统安全运行。闭式系统具有管路简单、系统中热水不易受到污染,但水压不稳定,一般用于不宜设置高位水箱的热水系统。

3）同程式系统和异程式系统

根据管网设置循环管道的不同,可分为同程式系统和异程式系统。

同程式系统是指每一个热水循环环路长度相等,对应管段管径相同,所有环路的水头损失相同;异程式系统是指每一个热水循环环路各不相等,对应管段管径也不相同,所有环路水头损失也不相同,见图4-9。

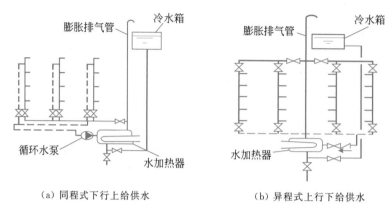

| （a）同程式下行上给供水 | （b）异程式上行下给供水 |

图 4-9　热水供应方式

4）下行上给式和上行下给式

根据热水管网水平干管的位置不同,分为下行上给式供水方式和上行下给式供水方式。

水平干管设置在顶层向下供水的方式称上行下给式供水方式;水平干管设置在底层向上供水的方式称为下行上给式供水方式。

4.3.2　热水循环方式

1. 全循环、半循环、无循环方式

根据热水供应系统是否设置循环管网或如何设置循环管网,可分为全循环、半循环和无循环热水供应方式,见图4-10。

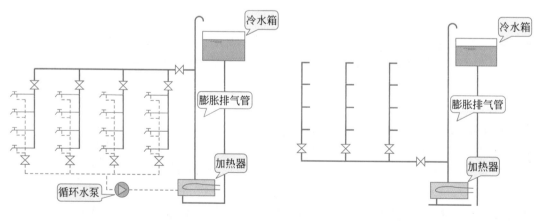

（a）全循环供水方式　　　　　　　　（b）无循环供水方式

图 4-10　热水循环方式(按是否循环)

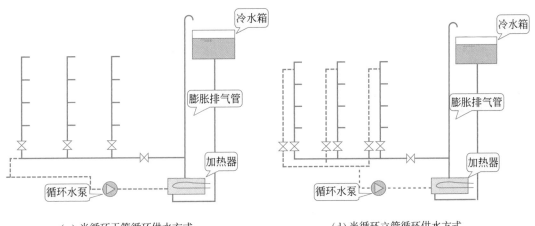

（c）半循环干管循环供水方式　　　　　（d）半循环立管循环供水方式

图　4-10（续）

1）全循环供水方式

全循环供水方式是指所有配水干管、立管和分支管均设有循环管道，可保证配水管网任意点的水温。适用于要求随时获得设计温度热水的高级宾馆、饭店、高级住宅等建筑。

2）半循环供水方式

半循环供水方式分立管循环和干管循环。干管循环方式是指热水供应系统中只在热水配水管网的水平干管设循环管道，多用于定时供应热水的建筑中，打开配水龙头时需放掉立管和支管的冷水才能流出符合要求的热水；立管循环方式是指热水立管和干管均设置循环管道，保持热水循环，打开配水龙头时只需放掉支管中的少量存水，就能获得规定温度的热水。多用于设有全日供应热水的建筑和设有定时供应热水的高层建筑。

3）无循环供水方式

无循环供水方式是指热水管网中不设任何循环管道。适用于小型热水供应系统和使用要求不高的定时热水供应系统或连续用水系统，如公共浴室、洗衣房等。

2. 自然循环方式和机械循环方式

热水供应管网按循环动力不同，可分为自然循环方式和机械循环方式，见图 4-11。

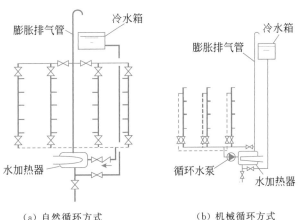

（a）自然循环方式　　　　　（b）机械循环方式

图 4-11　热水循环方式（按循环动力）

1）自然循环方式

自然循环方式是利用配水管和回水管内的温度差所形成的压力差,使管网维持一定的循环流量,以补偿热损失,保持一定的供水温度。

因配水管与回水管内的水温差一般为 5～10℃,自然循环水头值很小,实际使用中应用不多。一般用于热水供应系统小,用户对水温要求不严格的系统中。

2）机械循环方式

机械循环方式是在回水干管上设循环水泵强制一定量的水在管网中循环,以补偿配水管道热损失,保证用户对热水温度的要求。

目前,实际运行的热水供应系统多采用机械循环方式,特别是用户对热水温度要求严格的大、中型热水供应系统。

选用何种供水方式,应根据建筑物的用途、热源的供给情况、热水用水量和卫生器具的布置情况进行技术和经济的比较后确定。

4.4 热水供应系统设计

热水供应系统设计的任务:根据热水用量与耗热量,确定管网上各种管道的管径、系统所需工作压力及有关设备选择等。

热水供应系统设计的内容:设计小时耗热量、热水量和供热量、热媒耗量的计算;设备的选择;管网水力计算。

4.4.1 热水用水定额、水温和水质

1. 热水用水定额

生活热水用水定额有两种:一种是根据建筑物使用性质和内部卫生器具的完善程度、热水供应时间和用水单位数来确定,其水温按 60℃ 计算,见表 4-3。二是根据建筑物使用性质和卫生器具 1 次和 1 小时热水用水定额来确定,其水温随卫生器具的功用不同,对水温的要求也不同,见表 4-4。

表 4-3 热水用水定额

序号	建筑物名称		单 位	用水定额/L		使用时间/h
				最高日	平均日	
1	普通住宅	有热水器和沐浴设备	每人每日	40～80	20～60	24
		有集中热水供应(或家用热水机组)和沐浴设备		60～100	25～75	
2	别墅		每人每日	70～110	30～80	24
3	酒店式公寓		每人每日	80～100	65～80	24

续表

序号	建筑物名称		单 位	用水定额/L		使用时间 /h
				最高日	平均日	
4	宿舍	居室内设卫生间	每人每日	70～100	40～55	24 或 定时 供应
		设公用盥洗卫生间		40～80	35～45	
5	招待所、培训中心、普通旅馆	设公用盥洗室	每人每日	25～40	20～30	24 或 定时 供应
		设公用盥洗室、淋浴室		40～60	35～45	
		设公用盥洗室、淋浴室、洗衣室		50～80	45～55	
		设单独卫生间、公用洗衣室		60～100	50～70	
6	宾馆客房	旅客	每床位每日	120～160	110～140	24
		员工	每人每日	40～50	35～40	8～10
7	医院住院部	设公用盥洗室	每床位每日	60～100	40～70	24
		设公用盥洗室、淋浴室		70～130	65～90	
		设单独卫生间		110～200	110～140	
		医务人员	每人每班	70～130	65～90	8
	门诊部、诊疗所	病人	每病人每次	7～13	3～5	8～12
		医务人员	每人每班	40～60	30～50	8
		疗养院、休养所住房部	每床位每日	100～160	90～100	24
8	养老院、托老所	全托	每床位每日	50～70	45～55	24
		日托		25～40	15～20	10
9	幼儿园、托儿所	有住宿	每儿童每日	25～50	20～40	24
		无住宿		20～30	15～20	10
10	公共浴室	淋浴	每顾客每次	40～60	35～40	12
		浴盆、淋浴		60～80	55～70	
		桑拿浴(淋浴、按摩池)		70～100	60～70	
11	理发室、美容院		每顾客每次	20～45	20～35	12
12	洗衣房		每千克干衣	15～30	15～30	8
13	餐饮业	中餐酒楼	每顾客每次	15～20	8～12	10～12
		快餐店、职工及学生食堂		10～12	7～10	12～16
		酒吧、咖啡馆、茶座、卡拉OK房		3～8	3～5	8～18

续表

序号	建筑物名称		单位	用水定额/L		使用时间/h
				最高日	平均日	
14	办公楼	坐班制办公	每人每班	5～10	4～8	8～10
		公寓式办公	每人每日	60～100	25～70	10～24
		酒店式办公		120～160	55～140	24
15	健身中心		每人每次	15～25	10～20	8～12
16	体育场(馆) 运动员淋浴		每人每次	17～26	15～20	4
17	会议厅		每座位每次	2～3	2	4

注：① 表内所列用水定额均已包括在本书表 2-1 和表 2-2 中。
② 本表以 60℃热水水温为计算温度，卫生器具的使用水温见表 4-4。
③ 学生宿舍使用 IC 卡计费用热水时，可按每人每日最高日用水定额 25～30L、平均日用水定额 20～25L。
④ 表中平均日用水定额仅用于计算太阳能热水系统集热器面积和计算节水用水量。

表 4-4 卫生器具的 1 次和 1 小时热水用水定额及水温

序号	卫生器具名称			1 次用水量/L	1 小时用水量/L	使用水温/℃
1	住宅、旅馆、别墅、宾馆、酒店式公寓	带有淋浴器的浴盆		150	300	40
		无淋浴器的浴盆		125	250	
		淋浴器		70～100	140～200	37～40
		洗脸盆、盥洗槽水嘴		3	30	30
		洗涤盆		—	180	50
2	宿舍、招待所、培训中心	淋浴器	有淋浴小间	70～100	210～300	37～40
			无淋浴小间	—	450	
		盥洗槽水嘴		3～5	50～80	30
3	餐饮业	洗涤盆(池)		—	250	50
		洗脸盆	工作人员用	3	60	30
			顾客用	—	120	
		淋浴器		40	400	37～40
4	幼儿园、托儿所	浴盆	托儿所	100	400	35
			幼儿园	30	120	
		淋浴器	托儿所	30	180	
			幼儿园	15	90	
		盥洗槽水嘴		15	25	30
		洗涤盆(池)		—	180	50

续表

序号	卫生器具名称		1次用水量/L	1小时用水量/L	使用水温/℃
5	医院、疗养院、休养所	洗手盆	—	15～25	35
		洗涤盆(池)		300	50
		淋浴器		200～300	37～40
		浴盆	125～150	250～300	40
6	公共浴室	浴盆	125	250	40
		淋浴器　有淋浴小间	100～150	200～300	37～40
		淋浴器　无淋浴小间	—	450～540	
		洗脸盆	5	50～80	35
7	办公楼	洗手盆	—	50～100	35
8	理发室、美容院	洗脸盆	—	35	35
9	实验室	洗脸盆	—	60	50
		洗手盆		15～25	30
10	剧场	淋浴器	60	200～400	37～40
		演员用洗脸盆	5	80	35
11	体育场馆	淋浴器	30	300	35
12	工业企业生活间	淋浴器　一般车间	40	360～540	37～40
		淋浴器　脏车间	60	180～480	40
		洗脸盆　一般车间	3	90～120	30
		盥洗槽水嘴　脏车间	5	100～150	35
13	净身器		10～15	120～180	30

注：① 一般车间是指现行国家标准《工业企业设计卫生标准》(GBZ 1—2010)中规定的3、4级卫生特征的车间,脏车间是指该标准中规定的1、2级卫生特征的车间。

② 学生宿舍等建筑的淋浴间,当使用IC卡计费用水时,其1次用水量和1小时用水量可按表中数值的25%～40%取值。

生产车间用热水定额应根据生产工艺要求确定。

2. 热水水温

1) 热水使用温度

生活用热水水温应满足生活使用的各种需要,卫生器具1次或1h热水用量及使用水温见表4-4。在计算耗热量和热水用量时,一般按40℃计算。设有集中热水供应系统的住宅,配水点放水15s的水温不应低于45℃。餐厅厨房用热水温度与水的用途有关,洗衣机用热水温度与洗涤衣物的材质有关,其热水使用温度见表4-5。

表 4-5 餐厅厨房、洗衣机热水使用温度

用水对象	用水温度/℃	用水对象	用水温度/℃
餐厅厨房		洗衣机	
一般洗涤	50	棉麻织物	50～60
洗碗机	60	丝绸织物	34～45
餐具过清	70～80	毛料织物	35～40
餐具消毒	>80	人造纤维织物	30～35

2）热水供水温度

热水供水温度是指热水供应设备（如热水锅炉、水加热器等）的出口温度。

最低供水温度应保证热水管网最不利配水点的水温不低于使用水温要求；过高供水温度会增大加热设备和管道的热损失，增加管道腐蚀和结垢的可能，并易引发烫伤事故。

因此应综合考虑，合理确定加热设备出口的最高水温和配水点最低水温，相关数据可按表 4-6 选用。

表 4-6 直接供应热水的热水锅炉、热水机组或水加热器出口的最高水温和配水点的最低水温

水质处理情况	热水锅炉、热水机组或水加热器出口的最高水温/℃	配水点的最低水温/℃
原水水质无须软化处理，原水水质需水质处理且有水质处理	75	50
原水水质需水质处理但未进行水质处理	60	50

对于医院类建筑的集中热水供应系统的加热设备，其供水温度宜为 60～65℃；其他建筑供水温度宜为 55～60℃。局部热水供应系统的加热设备，供水温度一般为 50℃。

3）冷水计算温度

在计算热水系统的耗热量时，冷水温度应以当地最冷月平均水温资料确定。无水温资料时，可按表 4-7 确定。

表 4-7 冷水计算温度

分 区	地面水温度/℃	地下水温度/℃
黑龙江、吉林、内蒙古全部，辽宁大部分，河北、山西、陕西偏北部分，宁夏偏东部分	4	6～10
北京、天津、山东全部，河北、山西、陕西大部分，河北北部、甘肃、宁夏、辽宁南部，青海偏东和江苏偏北小部分	4	10～15
上海、浙江全部，江西、安徽、江苏大部分，福建北部，湖南、湖北东部，河南南部	5	15～15
广东、台湾全部，广西大部分，福建、云南南部	10～15	20
重庆、贵州全部，四川、云南大部分，湖南、湖北西部，陕西和甘肃秦岭以南地区，广西偏北小部分	7	15～20

3. 热水水质

1）热水使用的水质要求

生活用热水的水质应符合我国现行的《生活饮用水卫生标准》(GB 5749—2022)。生产用热水的水质应满足生产工艺要求。

2）集中热水供应系统的热水在加热前的水质要求

硬度高的水加热后，钙镁离子受热析出，在设备和管道内结垢，会减弱传热；水温升高，水中溶解氧也会逸出，加速对金属管材和设备的腐蚀。因此，集中热水供应系统的热水在加热前的水质处理，应根据水质、水量、水温、使用要求等因素，经技术经济比较确定是否需要进行水质处理。一般要求如下。

（1）洗衣房日用水量（按 60℃ 计）≥10m³ 且原水硬度（以碳酸钙计）>300mg/L 时，应进行水质软化处理；原水硬度（以碳酸钙计）为 150～300mg/L 时，宜进行水质软化处理。

（2）其他生活日用水量（按 60℃ 计算）≥10m³ 且原水硬度（以碳酸钙计）>300mg/L 时，宜进行水质软化或稳定处理。

（3）经软化处理后，洗衣房用热水的水质总硬度宜为 50～100mg/L；其他生活用热水的水质总硬度为 75～150mg/L。

目前，在集中热水供应系统中常采用电子除垢器、磁水器、静电除垢器等处理装置。这些装置体积小、性能可靠、使用方便。

4.4.2　热水量、耗热量、热媒耗量计算

热水量、耗热量和热媒耗量是热水供应系统中选择设备和管网计算的主要依据。

1. 热水量计算

热水量是指热水供应系统的设计小时热水量。

（1）根据人数或床位数的热水用水定额计算，按式(4-1)计算。

$$q_{rh} = K_h m q_r / T \qquad (4\text{-}1)$$

式中：q_{rh}——设计小时热水量，L/h；

K_h——热水小时变化系数，按表 4-8 选用；

m——用水量计算单位，人数或床位数；

q_r——热水用水定额，L/(人·d) 或 L/(床·d)，按表 4-3 选用；

T——每日用水时间，h，按表 4-3 选用。

表 4-8　热水供应小时变化系数 K_h 值

建筑性质	计算单位数（住宅、旅馆为居住人数，医院为床位数）															
	35	50	60	75	100	150	200	250	300	450	500	600	900	1 000	3 000	6 000
住宅		5.58			5.12	4.49	4.13	3.38	3.70		3.28			2.86	2.48	2.34
旅馆			9.65			6.84			5.61	4.97		4.58	4.19			
医院	7.62	4.55		3.78	3.54		2.93		2.60		2.23			1.95		

（2）根据卫生器具的热水用水定额计算，按式（4-2）计算。

$$q_{rh} = \sum q_h n_0 b \tag{4-2}$$

式中：q_{rh}——设计小时热水量，L/h；

q_h——卫生器具的 1h 热水用水定额，L，按表 4-4 选用；

n_0——同类型卫生器具数；

b——1h 内卫生器具同时使用百分数，%。

卫生器具的同时使用百分数：

① 工业企业生活间、公共浴室、学校、剧院、体育馆（场）等的浴室内的淋浴器和洗脸盆均按 100% 计；

② 设有浴盆的宾馆、普通旅馆、医院，浴盆的同时使用百分数按 60%～70% 计算；

③ 医院、疗养院病房卫生间内浴盆或淋浴器按 25%～50% 计；

④ 全日供应热水的住宅，仅计算浴盆热水用量，浴盆的同时使用百分数按表 4-9 选用。

表 4-9　住宅浴盆同时使用百分数

浴盆数 n	1	2	3	4	5	6	7	8	9	10	15
同时使用百分数/%	100	85	75	70	65	60	57	55	52	49	45
浴盆数 n	20	25	30	40	50	100	150	200	300	400	≥1 000
同时使用百分数/%	42	39	37	35	34	31	29	27	26	25	24

以上两种方法的计算结果并不一致，设计时需分析对比，合理选用。

2. 耗热量计算

集中热水供应系统的设计小时耗热量，应根据用水情况和冷、热水温差计算。设计小时耗热量按式（4-3）计算。

$$Q_h = q_{rh} c (t_r - t_L) \rho \tag{4-3}$$

式中：Q_h——设计小时耗热量，kJ/h；

q_{rh}——设计小时热水量，L/h；

c——水的比热，$c = 4.187$ kJ/(kg·℃)；

t_r——设计热水温度，℃；

t_L——设计冷水温度，℃；

ρ——水的密度，kg/L。

3. 热媒耗量计算

根据热媒种类和加热方式不同，热媒耗量应按不同的方法计算。

（1）采用蒸汽直接加热时，蒸汽耗量按式（4-4）计算。

$$G_m = (1.10 \sim 1.20) Q_h / (i_m - i_r) \tag{4-4}$$

式中：G_m——蒸汽耗量，kg/h；

i_m——蒸汽的热焓，kJ/kg，按表 4-10 选用；

i_r——蒸汽与冷水混合后的热水的热焓，$i_r = t_r c$，kJ/kg。

（2）采用蒸汽间接加热时，蒸汽耗量按式（4-5）计算。

$$G_m = (1.10 \sim 1.20)Q_h/\gamma_h \tag{4-5}$$

式中：γ_h——蒸汽的汽化热，kJ/kg，按表 4-10 选用。

（3）采用高温热水间接加热时，高温热水耗量按式（4-6）计算。

$$G = (1.10 \sim 1.20)Q_h/[c(t_1 - t_2)] \tag{4-6}$$

式中：G——高温热水耗量，kg/h；

$\quad t_1$——高温热水进口温度，℃；

$\quad t_2$——高温热水出口温度，℃。

表 4-10 饱和水蒸气的性质

饱和水蒸气温度 / ℃	绝对压力 /kPa	热焓/(kJ/kg)		水蒸气的汽化热/ (kJ/kg)
		液 体	蒸 汽	
100	101.3	418.7	2 677.0	2 258.4
105	120.9	440.0	2 685.0	2 245.4
110	143.3	461.0	2 693.4	2 232.0
115	169.1	482.3	2 701.3	2 219.0
120	198.6	503.7	2 708.9	2 205.2
125	232.2	525.0	2 716.4	2 291.8
130	270.3	546.4	2 723.9	2 177.6
135	313.1	567.7	2 731.0	2 163.3
140	361.5	589.1	2 737.7	2 148.7
145	415.7	610.9	2 744.4	2 134.0
150	476.2	632.2	2 750.7	2 118.5

4.4.3 加热及储热设备的选用与计算

1. 生活热水所需即热式燃气热水器的最小功率

家用生活热水用水量最大的是沐浴，一个淋浴器的最小出水量 $q_{min} = 5$L/min，最大出水量 $q_{max} = 10$L/min。淋浴的温度一般在 38～40℃。

以一般南方家庭为例，淋浴器出水量为 10L/min，冷水温度按表 4-7 取 5℃，淋浴水温取 40℃，则淋浴所需加热器的功率为

$$Q = cm(t_r - t_1) = 4.187 \times 10 \div 60 \times (40 - 5) = 24.4 (\text{kW})$$

因此，单从生活热水使用的角度考虑，应至少选 24kW 的加热器。表 4-11 为满足各种用水器具要求所需的热水器最小功率。

表 4-11　生活热水所需加热器的最小功率　　　　　　　　　单位：kW

使用生活热水的卫生器具及数量	冷水温度取 4℃	冷水温度取 10 ℃
1 个洗脸盆、洗手盆或淋浴器	23	19
1 个洗涤盆	29	25
1 个 100L 浴盆	21	17
1 个 150L 浴盆	31	26
1 个 200L 浴盆	42	35

注：① 浴盆所需的加热功率是指将 12min 充满浴盆所对应流量的冷水加热至使用温度而需要的加热器功率，其他用水器具的计算流量为其额定流量。

② 洗涤盆使用水温按 50℃ 计算，其余用水器具按 40℃ 计算。

③ 如需满足多个卫生间同时用水需求，加热器所需最小功率为表中对应热水器具所需加热功率之和。

2. 供暖与生活热水两用型燃气壁挂炉的选择

两用型壁挂炉应分别计算供暖热负荷和生活热水热负荷，比较后，按照功率大的选择。

4.4.4　热水管网的水力计算

1. 热水管网管径计算

目的：确定管径和水头损失。

计算方法：与给水管网相同，但因水温高，管内易结垢，粗糙系数增大，水头损失的计算公式不同，查热水管水力计算表。

管内允许流速：DN≤25mm 时，取值 0.6～0.8m/s；DN＞25mm 时，取值 0.8～1.5m/s。对噪声要求较高的取下限。

最小管径≥20mm。

2. 循环水泵选型计算

1）循环水泵的流量

全天供应热水系统循环流量 Q_x，按式（4-7）计算。

$$Q_x = Q_s \div (1.163\Delta t) \tag{4-7}$$

式中：Q_x——循环流量，L/h；

Q_s——配水管道系统的热损失，W，计算确定，一般用设计小时耗热量的 3%～5%；

Δt——配水管道的热水温差，℃，根据系统大小确定，一般可采用 5～10℃。

循环水泵的流量 Q_b 应不小于 Q_x。

2）循环水泵的扬程

循环水泵的扬程 H_b 按式（4-8）计算。

$$H_b \geqslant H_p + H_x + H_j \tag{4-8}$$

式中：H_b——循环水泵的扬程，kPa；

H_p——循环流量通过配水计算管路的沿程和局部水头损失，kPa；

H_x——循环流量通过回水计算管路的沿程和局部水头损失,kPa;

H_j——循环流量通过半即热式或快速式水加热器中热水的水头损失,kPa。

4.4.5 热水系统设计实例

【例 4-1】 集中热水供应系统热水量、耗热量、热媒耗量计算。

某宾馆建筑,有 150 套客房,300 张床位,客房均设专用卫生间,内有浴盆、脸盆、便器各 1 件。旅馆全日集中供应热水,加热器出口热水温度为 70℃,当地冷水温度计 10℃。采用半容积式水加热器,以蒸汽为热媒,蒸汽压力 0.2MPa(表压),凝结水温度为 80℃。试计算:设计小时热水量、设计小时耗热量和热媒耗量。

【解】 (1)设计小时热水量 q_{rh}

$$q_{rh}=K_h m q_r \div T \tag{4-9}$$

式中,$m=300$;查表 4-3,$q_r=160$ L/(人·d)(60℃);查表 4-8,$K_h=5.61$

$$q_{rh}=5.61\times300\times160\div24=11\ 220(L/h)$$

(2)设计小时耗热量 Q_h

$$Q_h=q_{rh}c(t_r-t_L)\rho_r \tag{4-10}$$

式中,$c=4.187$kJ/(kg·℃);$t_r=60$℃,$t_L=10$℃,$\rho_r=0.983$kg/L(60℃)

$$Q_h=11\ 220\times4.187\times(60-10)\times0.983=230\ 897\ 5(kJ/h)$$
$$=641\ 382(kJ/s)=641\ 382(W)$$

(3)热媒耗量。采用蒸汽直接加热,蒸汽耗量 G_m

$$G_m=(1.10\sim1.20)Q_h/(i_m-i_r) \qquad 取\ 1.15\ 倍$$

查表,蒸汽热焓 $i_m=2\ 762$,蒸汽与冷水混合后的热水的热焓 $i_r=t_r c=80\times4.187=335(kJ/kg)$,则

$$G_m=1.15\times3.6\times641\ 382\div(2\ 762-335)=1\ 111(kg/h)$$

【例 4-2】 集中热水供应系统的设备选型计算。

某宾馆共有 320 间标准间,宾馆的用水时间在 20:00—22:00 出现一个高峰。设计时采用热泵热水机组,并配置大容量保温水箱以保证高峰时用水。当地自来水温度为7℃,计算热水需求量及热水负荷。

【解】 (1)热水需求量 q_{rh}

人数 $m=320\times2=640$;$T=24$h;查表 4-3,取 $q_r=120$L/(人·d);查表 4-8,$K_h=4.53$

小时热水量:$q_{rh}=K_h m q_r \div T=4.53\times640\times120\div24=14\ 496(L/h)$

全天用热水量:$q_d=120\times640=76\ 800(L/d)$

根据工程经验,保温水箱的设计容积按每天热水供应量的 70% 配置,则热水箱的设计容积:

$$V_{设计} = 76\ 800 \times 0.7 = 53\ 760(\text{L}) = 53.76(\text{m}^3)$$

（2）热水负荷计算。设计小时耗热量：

$$Q_h = q_{rh}c(t_r - t_L)\rho = 14\ 496 \times 4.187 \times (55 - 7) \div 3\ 600 = 809(\text{kW})$$

高峰期 20：00—22：00 按满负荷最大小时热水用量考虑，这两小时最大用水量：

$$q_{rh} = 14\ 496 \times 2 \div 1\ 000 = 28.992(\text{m}^3)$$

选用 40m³ 的热水箱提前加热，能满足两小时的满负荷使用且有节余，满足要求。全天耗热负荷：

$$Q = 76\ 800 \times 4.187 \times (55 - 7) \div 3\ 600 = 4\ 287(\text{kW})$$

若采用每天 12h 工作，则每小时负荷：

$$4\ 287 \div 12 = 357(\text{kW})$$

（3）热水机组选型。选用单台制热量 120kW 的热水机组，则需要机组台数：357/120＝2.98，取 3 台，每天工作 12h 即可满足全天的热水需求。

若要制取 40m³ 的热水，仅需 6h 提前加热，当使用满 1h（热水消耗量为 13.4m³，为水箱容积的 1/3），补偿的冷水仅需 2h 即加热制成，满足系统使用要求。

选用 3 台 120kW 的热水机组单独制生活热水，单台产热水量 3t/h，共 9t/h。

4.5　热水管道系统的安装

热水供应系统常用管材有薄壁铜管、薄壁不锈钢管、PP-R 管、PB 管、PE-X 管、铝塑复合管等。

建筑热水管道系统安装的工艺流程：安装准备→预制加工→干管安装→支管安装→管道试压→管道防腐与保温→管道冲洗。

1. 热水干管安装

室内热水干管一般埋设在地下。干管安装有以下环节：管道定位、管道安装、试压隐蔽。

2. 热水立管安装

（1）修整、凿打楼板穿管孔洞。

（2）量尺、下料。

（3）预制、安装。

（4）装立管卡具、封堵楼板眼。

3. 热水支管安装

（1）修整、凿打墙体穿管孔洞。

（2）量尺、下料。

（3）预制、安装。

（4）连接各类用水设备的短支管的安装。

4. 水压试验

热水供应系统安装完毕，在管道保温前进行水压试验。

5. 防腐、保温

防腐工艺流程：表面去污除锈→调配涂料→油漆涂刷→油漆涂层养护。

热水供、回水管及热媒水管常用保温材料有岩棉、超细玻璃棉、硬质聚氨酯、橡塑泡沫等。

6. 冲洗与消毒

热水供应系统竣工后必须进行冲洗。

小　结

本学习情境介绍了热水供应系统的分类和组成、热水系统的加热设备和储热设备；热水供水系统的供水方式和循环方式；热水供水系统的设计；热水管道系统的安装。

学习笔记

复习思考题

1. 建筑热水供应系统由哪几部分组成？

2. 建筑热水供应系统的加热设备有哪些？

3. 热水供应系统的循环方式有哪几类？各有什么特点？

4. 热水供应系统的管道可以采用哪些管材？

5. 热水管道系统安装的工艺流程是什么？

技能训练：热水系统设计

1. 实训目的：通过设计计算，使学生掌握热水系统设计的基本技能。

2. 实训准备：计算器、计算书等。

3. 实训内容。

某宾馆客房有 300 人床位，热水当量总数 $N=289$，有集中热水供应，全天供应热水，热水定额取平均值，设导流容积式水加热器，其容积附加系数为 15%，有效储热容积系数取 0.85，热媒为蒸汽。加热器出水温度为 $60℃$，密度为 0.983kg/L；冷水温度为 $10℃$，密度为 1kg/L；设计小时耗热量持续时间取 3h。

请计算：①设计小时热水量；②设计小时耗热量；③储热总容积；④设计小时供热量。

学习情境 5 建筑排水系统

学习目标

1. 了解排水系统的分类与组成、排水体制；
2. 熟悉排水管材、管件、各种卫生器具，并能正确选用；
3. 理解排水管道的布置、敷设；
4. 掌握排水系统水力计算方法；
5. 熟悉建筑排水系统安装的基本要求。

学习内容

1. 建筑排水系统的分类和组成；
2. 排水系统的管材和附件；
3. 卫生器具；
4. 室内排水系统的设计；
5. 排水系统安装。

5.1 建筑排水系统的分类与组成

建筑排水系统的任务是将房屋内卫生器具和生产设备排出的污（废）水，以及降落在屋顶上的雨雪水，通过室内排水管道及时、畅通无阻地排至室外排水管网或水处理构筑物，为人们提供良好的生活、生产、工作和学习环境。

5.1.1 建筑排水系统的分类

根据所排出的污废水性质，建筑排水系统可分为生活污废水排水系统、工业废水排水系统、建筑雨水排水系统。

1. 生活污废水排水系统

生活排水系统是指排出民用建筑、工业建筑以及生产企业生活间的生活污废水。

（1）生活污水排水系统，指大、小便器（槽）以及与此相似的卫生设备产生的含有粪便和纸屑等杂物的粪便污水的排水系统。

（2）生活废水排水系统，指排除洗涤设备、淋浴设备、盥洗设备及厨房等卫生器具排出的含有洗涤剂和细小悬浮颗粒杂质，污染程度较轻的废水排水系统。

（3）生活排水系统,指将生活污水与生活废水合流排出的排水系统。

2. 工业废水排水系统

工业废水包括生产污水和生产废水。

（1）生产污水是指在生产过程中被化学杂质和有机物污染较重的水,还包括水温过高、排放后造成热污染的工业用水。

（2）生产废水是指未受污染或受轻微污染以及水温稍有升高的工业用水。

3. 建筑雨水排水系统

雨水排水系统用于排出降落在建筑物屋面的雨水和融化的雪水。一般建筑雨水排水系统应单独设置,可根据建筑物的结构形式、气候条件及使用要求等因素采用外排水系统或内排水系统。

5.1.2　排水体制

排水体制是指污水(生活污水、工业废水、雨水等)的收集、输送和处置的系统方式。

1. 排水体制的类型

（1）分流制排水:将室内产生的污废水按不同性质分别设置管道排出室外,称为分流制排水。

（2）合流制排水:将室内产生的不同性质污水共用一根管道排出,如将其中两类或3类污(废)水合流排出,称为合流制排水。

2. 排水体制的选择

建筑内部排水体制的确定,应根据污水性质、污染程度、结合建筑外部排水系统体制、有利于综合利用、中水系统的开发和污水的处理要求等因素考虑。

下列情况,宜采用分流排水体制:

（1）两种污水合流后会产生有毒有害气体或其他有害物质时;

（2）污染物质同类,但浓度差异大时;

（3）医院污水中含有大量致病菌或含有放射性元素超过排放标准规定的浓度时;

（4）不经处理和稍经处理后可重复利用的水量较大时;

（5）建筑中水系统需要收集原水时;

（6）餐饮业和厨房洗涤水中含有大量油脂时;

（7）工业废水中含有贵重工业原料需回收利用时及夹有大量矿物质或有毒和有害物质需要单独处理时;

（8）锅炉、水加热器等加热设备排水温度超过 40℃时。

5.1.3　建筑排水系统的组成

建筑内部排水系统一般由污(废)水收集器、排水管道系统、通气管、清通设备组成,有些时候还需要设置提升设备及局部处理构筑物,见图 5-1。

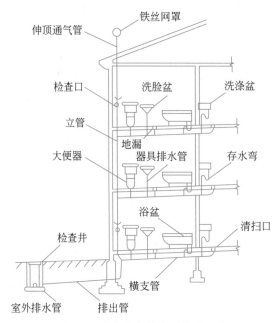

图 5-1   建筑内部排水系统的组成

1. 污(废)水收集器

污(废)水收集器是接收各类污废水或污物的容器或装置,是室内排水系统的起点,包括各种卫生设备、排放生产污水的设备和雨水斗等。

2. 排水管道系统

排水管道系统包括器具排水管、横支管、立管、排出管等,作用是将污(废)水能迅速安全地排除到室外。

(1)器具排水管是连接卫生器具和排水横管之间的一段短管。

(2)横支管是连接各卫生器具排水支管与立管之间的水平管道,横支管应具有一定坡度。

(3)立管是汇集各排水横管的污水,并输送至排出管的竖向管道。

(4)排出管是室内排水立管与室外排水检查井之间的排水横管段,它接收一根或几根立管流来的污水并排至室外排水管网。

3. 通气管

通气管的作用是将室内排水管道中的污浊有害气体排至大气中,使排水系统内空气流通,压力稳定,保护水封不被破坏。通气管的形式见图 5-2。

(1)伸顶通气管通常是指排水立管延长伸出屋面的一段立管。

(2)专用通气立管是指与排水立管平行敷设,只作为通气用的垂直管道。对于层数较高、卫生器具较多的建筑物,因排水量大,空气的流动过程易受排水过程干扰,需将排水管和通气管分开,设专用通气管道。

(3)主通气立管是指与环形通气管和排水立管相连接,为使排水横支管和排水立管内空气流通而设置的垂直管道。

(4)环形通气管是指在多个卫生器具的排水横支管上从最始端卫生器具的下游端接

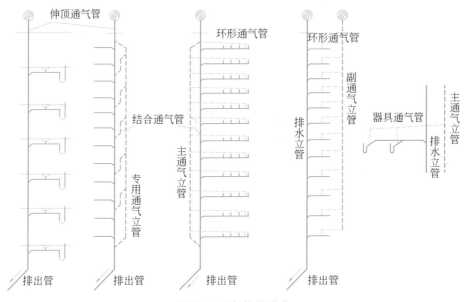

图 5-2　通气管的形式

至通气立管的管段。

（5）器具通气管是指卫生器具存水弯出口端，在高于卫生器具上一定高度处与主通气立管连接的通气管段。

（6）结合通气管是指排水立管与通气立管的连接管段。设有专用通气立管或主通气立管时，应设置结合通气管。

4. 清通设备

清通设备包括器具检查口、清扫口、室内检查井以及带有清扫口的管道配件等，用于对排水系统进行清扫和检查，在管道出现堵塞时，在清通设备处疏通，保障排水畅通。有些地漏也具备清通设备的功能。

（1）检查口是带有可开启盖板的配件，通常设置在排水立管上及较长的横管段上。

（2）清扫口一般设在排水横管上，当横管上连接的卫生器具较多时，横管起点应设清扫口，有时也用可清掏的地漏代替。

（3）检查井通常设置在埋地横干管的交汇、转弯处和管径、坡度、高程变化处。

5. 污（废）水提升设备

民用建筑的地下室、人防建筑物、高层建筑地下技术层、工厂车间的地下室和地铁等地下建筑的污（废）水不能自流排至室外检查井，需设污（废）水提升设备，如污水泵。

6. 局部处理构筑物

当室内污（废）水未经处理不允许直接排入城市排水系统或水体时需设置局部处理构筑物。常用的局部污水处理构筑物有化粪池、隔油池、降温池和小型沉淀池等。

微课：排水构筑物

1）化粪池

化粪池是一种利用沉淀和厌氧发酵原理去除生活污水中悬浮性有机

物的最初级处理构筑物。由于目前我国许多小城镇还没有生活污水处理厂,所以建筑物卫生间内所排出的生活污水必须经过化粪池处理后才能排入合流制排水管道。

2) 隔油池

隔油池可使含油污水流速降低,并使水流方向改变,使油类浮在水面上,然后将其收集排出,适用于食品加工车间、餐饮业的厨房排水、由汽车库排出的汽车冲洗污水和其他一些生产污水的除油处理。

3) 降温池

一般城市排水管道允许排入的污水温度规定不大于 40℃,所以当室内排水温度高于 40℃(如锅炉排污水)时,首先应尽可能将其进行热量回收利用。如不可能回收时,在排入城市管道前应采取降温措施,一般可在室外设降温池加以冷却。

4) 小型沉淀池

汽车库冲洗废水中含有大量的泥砂,为防止堵塞和淤积管道,在污废水排入城市排水管网之前应进行沉淀处理,一般宜设小型沉淀池。

5) 医院污水处理

各类医院和医疗卫生的教学及科学机构排放的被病毒、病菌、螺旋体和原虫等病原体污染了的水,直接排放会污染水源,导致传染病流行,危害很大,排出前应进行处理。

医院污水处理包括消毒处理、放射性污水处理、重金属污水处理、废弃药物污水处理和污泥处理。其中消毒处理是最基本的处理,也是最低要求的处理。

5.2　排水系统的管材和附件

建筑物内排水管道应采用建筑排水塑料管及管件或柔性接口机制排水铸铁管及相应管件。工业废水排水管道则应根据污(废)水的性质、管材的机械强度及管道敷设方法,并结合就地取材原则选用管材。

5.2.1　建筑排水系统常用管材

建筑室内排水系统管道常用管材有排水塑料管、排水铸铁管、钢管等,见图 5-3。

(a) PVC-U 硬聚氯乙烯管　　　　　(b) 排水铸铁管

图 5-3　排水系统管材

1. 排水塑料管

排水塑料管包括 PVC-U(硬聚氯乙烯)管、UPVC 隔音空壁管、UPVC 芯层发泡管、

ABS管等多种管道,适用于建筑高度不大于100m、连续排放温度不大于40℃、瞬时排放温度不大于80℃的生活污水系统、雨水系统,也可用作生产排水管。

排水塑料管的优点是耐腐蚀、质量轻、施工简单、水力条件好、不易堵塞;但有强度低、易老化、耐温性差、普通PVC-U管噪声大等缺点。目前,最常用的是PVC-U(硬聚氯乙烯)管。

排水塑料管通常采用胶黏剂承插连接,或弹性密封圈承插连接。

2. 排水铸铁管

排水铸铁管的管壁较给水铸铁管薄,不能承受高压,常用于建筑生活污水管、雨水管等,也可用作生产排水管。排水铸铁管的优点是耐腐蚀、具有一定的强度、使用寿命长和价格便宜等;缺点是材质脆弱,自重大,每根管的长度短,管接口多,施工复杂。

排水铸铁管连接方式多为承插式,常用的接口材料有普通水泥接口、石棉水泥接口、膨胀水泥接口等。

柔性抗震排水铸铁管广泛应用于高层和超高层建筑室内排水,它是采用橡胶圈密封,螺栓紧固,具有较好的挠曲性、伸缩性、密封性及抗震性能,且便于施工。

3. 钢管

某些情况下,排水管道也会使用钢管。卫生器具排水支管,生产设备振动较大的地点,非腐蚀性排水支管,管径小于或等于50mm的管道,可选用钢管,采用焊接或专用配件连接。

5.2.2　建筑排水系统的管件

室内排水管道是通过各种管件来连接的,管件种类很多,常用的有以下几种。

(1) 弯头,用在管道转弯处,使管道改变方向。常用弯头的角度有90°、45°两种。

(2) 乙字管,排水立管在室内距墙比较近,但基础比墙要宽,为了到下部绕过基础需设乙字管,或高层排水系统为消耗多余能量而在立管上设置乙字管。

(3) 三通或四通,用在两条管道或三条管道的汇合处。三通有正三通、顺流三通和斜三通。四通有正四通和斜四通。

(4) 管箍,也叫套袖,它的作用是将两段排水铸铁直管连在一起。

1. 存水弯

存水弯也叫水封,设在卫生器具下面的排水支管上。存水弯的作用是形成一定高度的水封,阻止排水系统中的有害气体或虫类进入室内,以保证室内的环境卫生。水封高度通常为50～100mm。水封的类型主要有P形和S形两种,见图5-4。

　　(a) P形存水弯　　　(b) S形存水弯

图5-4　存水弯

2. 排水塑料管的管件

排水塑料管的常用管件见图 5-5。

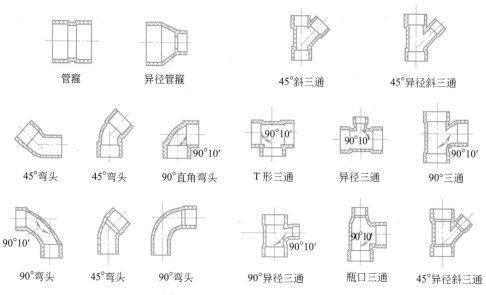

图 5-5　常用排水塑料管的管件

3. 排水铸铁管的管件

排水铸铁管的常用管件见图 5-6。

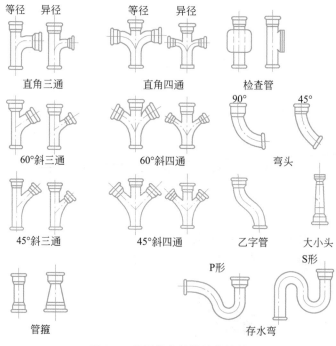

图 5-6　常用排水铸铁管的管件

5.3 卫 生 器 具

卫生器具是用来满足日常生活的各种卫生要求,收集和排放生活及生产中产生的污水、废水的设备,是建筑给水排水系统的重要组成部分。

5.3.1 卫生器具的种类

卫生器具按使用功能分为便溺用卫生器具、盥洗淋浴用卫生器具、洗涤用卫生器具、专用卫生器具4大类。

1. 便溺用卫生器具

便溺用卫生器具设置在卫生间和公共厕所,用来收集、排除粪便污水。其种类有大便器、大便槽、小便器(斗)、小便槽等。

1) 大便器

大便器按使用方法分为蹲式和坐式两种。

蹲式大便器比较卫生,多装设于公共卫生间、医院、家庭等一般建筑物内,分为高水箱冲洗、低水箱冲洗、自闭式冲洗阀冲洗3种。

坐式大便器多装设于住宅、宾馆等建筑物内,分为低水箱冲洗和虹吸式两种。

2) 大便槽

大便槽因卫生条件差,冲洗耗水多,目前多用于旧式公共厕所内。

3) 小便器(斗)

小便器(斗)多装于公共建筑的男厕所内,有挂式和立式两种。冲洗方式多为水压冲洗。

4) 小便槽

由于小便槽在同样的设置面积下比小便器可容纳的使用人数多,并且建造简单经济,因此,在工业建筑、公共建筑和集体宿舍的男厕所中采用较多。

2. 盥洗淋浴用卫生器具

盥洗淋浴用卫生器具有洗脸盆、盥洗槽、淋浴器、浴盆、净身盆。

1) 洗脸盆

洗脸盆按安装方式分为墙架式、立柱式和台式3种。

立柱式洗脸盆美观大方,一般多用于高级宾馆或别墅的卫生间内。

台式洗脸盆的造型很多,有椭圆形、圆形、长圆形、方形、三角形、六角形等。

2) 盥洗槽

盥洗槽装设于工厂、学校、车间、火车站等建筑内,有条形和圆形两种,槽内设排水栓。

3) 淋浴器

淋浴器具有占地面积小、设备费用低、耗水量少、清洁卫生等优点,多用于集体宿舍、体育场馆、公共浴室内。

4）浴盆

浴盆的种类及式样很多,一般用于住宅、宾馆、医院等卫生间及公共浴室内。

5）净身盆

净身盆与大便器配套安装,供便溺后洗下身用,更适合妇女和痔疮患者使用。一般用于宾馆高级客房的卫生间内,也用于妇产医院、工厂女卫生间内。

公共场所的卫生间洗手盆应采用感应式或延时自闭式水嘴。水嘴、淋浴喷头内部宜设置限流配件。采用双管供水的公共浴室宜采用带恒温控制与温度显示功能的冷热水混合淋浴器。

3. 洗涤用卫生器具

洗涤用卫生器具主要有洗涤盆、化验盆、污水池。

1）洗涤盆

洗涤盆是用作洗涤碗碟、蔬菜、水果等食物的卫生器具,常设于厨房或公共食堂内。洗涤盆有单格和双格之分。

2）化验盆

化验盆设置在工厂、科研机关和学校的化验室或实验室内,盆内已带水封,根据需要,可装置单联、双联、三联鹅颈龙头。

3）污水池

污水池是用来洗涤拖布或倾倒污水用的卫生器具,设置于公共建筑的厕所、盥洗室内。

4. 专用卫生器具

专用卫生器具主要有饮水器和地漏。

1）饮水器

饮水器是供人们饮用冷开水或消毒冷水的器具,一般用于工厂、学校、车站、体育场馆和公园等公共场所。

2）地漏

地漏用于收集和排放室内地面积水或池底污水,一般设置在易溅水的卫生器具附近或经常需要清洗的地面最低处,地漏算子应低于地面 5～10mm。

5.3.2　卫生器具的选择与卫生间布置

1. 卫生器具的选用

不同建筑内卫生间由于使用情况、设置卫生器具的数量均不相同,除住宅和客房卫生间在设计时可统一设置外,各种用途的工业和民用建筑内公共卫生间卫生器具设置定额可按表 5-1 选用。

2. 卫生间布置

卫生器具的布置应根据厨房、卫生间和公共厕所的平面位置、房间面积大小、建筑质量标准、有无管道竖井或管槽、卫生器具数量及单件尺寸等来布置。尽量做到管道少转弯、管线短、排水通畅,即卫生器具应顺着一面墙布置。常见卫生间布置见图 5-7。

表 5-1　公共卫生间卫生器具配置要求

建筑类型	规范指标						
	男洁具配比指标				女洁具配比指标		
	规模区间	小便斗	大便器	洗手盆	规模区间	大便器	洗手盆
办公楼	—	30 人/个	40 人/个	40 人/个	—	20 人/个	40 人/个
办公建筑	—	15~20 人/个	25 人/个	25 人/个	—	15~20 人/个（按 2∶3 推导得出）	25 人/个
公共建筑职工卫生间（包括办公建筑）	1~15 人	1 个	1 个	50 人以下,1 个/10 人;50 人以上,增 1 个/增 20 人	1~5 人	1 个	50 人以下,1 个/10 人;50 人以上,增 1 个/增 20 人
	16~30 人	1 个	2 个		6~25 人	2 个	
	31~45 人	2 个	2 个		26~50 人	3 个	
	46~60 人	2 个	3 个		51~75 人	4 个	
	61~75 人	3 个	3 个		76~100 人	5 个	
	76~90 人	3 个	4 个		超过 100 人	增 1 个/增 25 人	
	91~100 人	4 个	4 个				
	超过 100 人	增 1 个/增 50 人	增 1 个/增 50 人				
饭馆快餐店咖啡店	400 人以下	50 人/个	100 人/个	100 人/个,每 5 个小便器增设 1 个	200 人以下	50 人/个	50 人/个
	超过 400 人		250 人/个	250 人/个,每 5 个小便器增设 1 个	超过 200 人	250 人/个	250 人/个
餐馆	小于 50 座	1 个	1 个	1 个	小于 50 座	1 个	1 个
	50~100 座	1 个	1 个	增 1 个/100 座	50~100 座	增 1 个/100 座	增 1 个/100 座
	大于 100 座	增 1 个/100 座	增 1 个/100 座	增 1 个/100 座	大于 100 座	增 1 个/100 座	增 1 个/100 座
饮食店、食堂	小于 50 座	1 个	1 个	1 个	小于 50 座	1 个	1 个
	大于 50 座	增 1 个/100 座	增 1 个/100 座	增 1 个/100 座	大于 50 座	增 1 个/100 座	增 1 个/100 座
饮食建筑员工厕所	—	50 人/个	50 人/个	至少 1 个/处	—	25 人/个	至少 1 个/处
饮食建筑	顾客<100 人	1 个	1 个	1 个	顾客<100 人	1 个	1 个
	顾客>100 人	增 1 个/100 人	增 1 个/100 人	增 1 个/100 人	顾客>100 人	增 1 个/100 人	增 1 个/100 人

续表

建筑类型	男洁具配比指标				女洁具配比指标		
	规模区间	小便斗	大便器	洗手盆	规模区间	大便器	洗手盆
饮食建筑	员工<25人	1个	1个	1个	员工<25人	1个	1个
	员工25~50人	1个	1个	1个	员工25~50人	1个	1个
	员工>100人	增1个/增25人	增1个/增25人	增1个/增25人	员工>100人	增1个/增25人	增1个/增25人
影剧院音乐厅	100人以下	2个	1个	每1个大便器1个,每5个小便器增设1个	70人以下	<40人1个,41~70人3个	每1个大便器1个,每增2个大便器增设1个
	101~250人	1个/15人	1个		71~100人	4个	
	超过250人	20人/个或1个1米长小便槽	增1个/增500人		超过100人	增1个/增1~40人	
疗养建筑	—	15人/个	15人/个	6~8人/个	—	12人/个	6~8人/个
旅馆建筑	60人以下	12人/个	12人/个	10人/个	60人以下	10人/个	8人/个
	超过60人	增1个/增15人	增1个/增15人	增1个/增12人	超过60人	增1个/增12人	增1个/增10人
宿舍建筑	8人以下	1个/15人	1个/15人	5人以下至少1个/增1~10人	6人以下	1个	5人以下至少1个/增1~10人
	超过8人	增1个/增1~15人	增1个/增1~15人	上:增1个/增1~10人	超过6人	增1个/增1~12人	上:增1个/增1~10人
中小学校	教学楼	40人/个	40人/个	40~45人/个	教学楼	20人/个	40~45人/个
商场超市	1000~2000m² 购物面积	1个	1个	1个	1000~2000m² 购物面积	2个	2个
商业街	2000~4000m² 购物面积	2个	1个	2个	2000~4000m² 购物面积	4个	4个
公共活动场所	广场、街道	1000人/个	1000人/个	每2个大便器配1个	广场、街道	700人/个	每2个大便器配1个
	车站、码头	300人/个	300人/个		车站、码头	200人/个	
	公园	400人/个	400人/个		公园	300人/个	
	体育场外	300人/个	300人/个		体育场外	200人/个	
	海滨活动场	60人/个	70人/个		海滨活动场	50人/个	

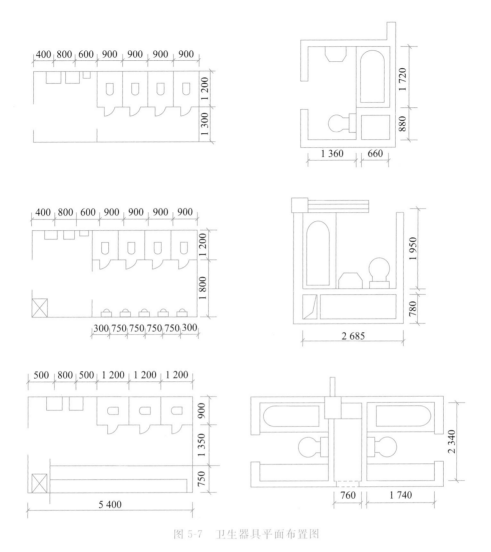

图 5-7　卫生器具平面布置图

　　为使卫生器具使用方便,使其功能正常发挥,常用卫生器具给水配件的安装高度按表 5-2 所示的规定,卫生器具的安装高度按表 5-3 确定。

表 5-2　卫生器具给水配件的安装高度

项次	给水配件名称	配件中心距地面高度/mm	冷热水龙头距离/mm
1	架空式污水盆(池)水龙头	1 000	
2	落地式污水盆(池)水龙头	800	
3	洗涤盆(池)水龙头	1 000	150
4	住宅集中给水龙头	1 000	
5	洗手盆水龙头	1 000	

续表

项次		给水配件名称	配件中心距地面高度/mm	冷热水龙头距离/mm
6	洗脸盆	水龙头（上配水）	1 000	150
		水龙头（下配水）	800	150
		角阀（下配水）	450	
7	盥洗槽	水龙头	1 000	150
		冷热水管　　其中热水龙头上下并行	1 100	150
8	浴盆	水龙头（上配水）	670	150
9	淋浴器	截止阀	1 150	95
		混合阀	1 150	
		淋浴喷头下沿	2 100	
10	蹲式大便器（台阶面算起）	高水箱角阀及截止阀	2 040	
		低水箱角阀	250	
		手动式自闭冲洗阀	6 500	
		脚踏式自闭冲洗阀	150	
		拉管式冲洗阀（从地面算起）	1 600	
		带防污助冲器阀门（从地面算起）	900	
11	坐式大便器	高水箱角阀及截止阀	2 040	
		低水箱角阀	150	
12		大便槽冲洗水箱截止阀（从台面算起）	≥2 400	
13		立式小便器角阀	1 130	
14		挂式小便器角阀及截止阀	1 050	
15		小便槽多孔冲洗管	1 100	
16		实验室化验水龙头	1 000	
17		妇女卫生盆混合阀	360	

　　注：装设在幼儿园内的洗手盆、洗脸盆和盥洗槽水嘴中心离地面安装高度应为 700mm，其他卫生器具给水配件的安装高度应按卫生器具实际尺寸相应减少。

表 5-3　卫生器具的安装高度

序号	卫生器具名称		卫生器具边缘离地高度/mm	
			居住和公共建筑	幼儿园
1	架空式污水盆(池)(至上边缘)		800	800
2	落地式污水盆(池)(至上边缘)		500	500
3	洗涤盆(池)(至上边缘)		800	800
4	洗手盆(至上边缘)		800	500
5	洗脸盆(至上边缘)		800	500
6	盥洗槽(至上边缘)		800	500
7	浴盆(至上边缘)		480	
	按摩浴盆(至上边缘)		450	
	淋浴盆(至上边缘)		100	
8	蹲、坐式大便器(从台阶面至高水箱底)		1 800	1 800
9	蹲式大便器(从台阶面至低水箱底)		900	900
10	坐式大便器(至低水箱底)	外露排出管式	510	
		虹吸喷射式	470	370
		冲落式	510	
		旋涡连体式	250	
11	坐式大便器(至上边缘)	外露排出管式	400	
		虹吸喷射式	380	
		冲落式	380	
		旋涡连体式	360	
12	大便槽(从台阶面至冲洗水箱底)		不低于 2 000	
13	立式小便器(至受水部分上边缘)		100	
14	挂式小便器(至受水部分上边缘)		600	450
15	小便槽(至台阶面)		200	150
16	化验盆(至上边缘)		800	
17	净身器(至上边缘)		360	
18	饮水器(至上边缘)		1 000	

5.4　排水系统设计

　　建筑内部排水系统设计主要是根据排水系统中污水管道、通气管道以及卫生器具的布置,通过计算确定各排水管段的管径、横向坡度、通气管的管径以及各个控制点的标高。

室内排水管网设计计算步骤如下：

（1）管道平面布置，包括支管、立管、横干管、排出管、地沟等；

（2）确定通气方式；

（3）绘制系统计算草图；

（4）确定横支管的管径与坡度；

（5）计算立管的排水设计秒流量；

（6）查表确定立管管径；

（7）分段计算横干管、排出管的排水设计秒流量；

（8）查表确定横干管、排出管的管径与坡度；

（9）计算确定通气管的管径；

（10）绘制正式的平面图和系统图，标注管径、坡度、控制点标高。

5.4.1 排水定额和排水设计秒流量

1. 排水定额

建筑内部的排水定额有两个：一个是以每人每日为标准，另一个是以卫生器具为标准。每人每日排放的污水量和时变化系数与气候、建筑物内卫生设备完善程度有关。从用水设备流出的生活给水使用后损失很小，绝大部分被卫生器具收集排放，所以生活排水定额和时变化系数与生活给水相同。生活排水平均时排水量和最大时排水量的计算方法与建筑内部的生活给水量计算方法相同，计算结果主要用来设计污水泵和化粪池等。

卫生器具排水定额是经过实测得来的，主要用来计算建筑内部各个管段的管径。某管段的设计流量与其接纳的卫生器具类型、数量及使用频率有关。为了便于累加计算，与建筑内部给水相似，以污水盆排水量 0.33L/s 为一个排水当量，将其他卫生器具的排水量与 0.33L/s 的比值作为该种卫生器具的排水当量。由于卫生器具排水具有突然、迅速、流量大的特点，所以，一个排水当量的排水流量是一个给水当量额定流量的 1.65 倍。各种卫生器具的排水流量和当量值见表 5-4。

表 5-4 卫生器具排水流量、当量和排水管的管径

序号	卫生器具名称	卫生器具类型	排水流量/(L/s)	排水当量	排水管管径/mm
1	洗涤盆、污水盆(池)		0.33	1.00	50
2	餐厅、厨房洗菜盆(池)	单格洗涤盆(池)	0.67	2.00	50
		双格洗涤盆(池)	1.00	3.00	50
3	盥洗槽(每个水嘴)		0.33	1.00	50~75
4	洗手盆		0.10	0.30	32~50
5	洗脸盆		0.25	0.75	32~50
6	浴盆		1.00	3.00	50
7	淋浴器		0.15	0.45	50
8	大便器	高水箱	1.50	4.50	100

续表

序号	卫生器具名称	卫生器具类型	排水流量/(L/s)	排水当量	排水管管径/mm
9	医用倒便器	低水箱冲落式	1.50	4.50	100
10	小便器	低水箱虹吸式	2.00	6.0	100
		自闭式冲洗阀	1.50	4.50	100
11	大便槽	≤4个蹲位	2.50	7.50	100
		>4个蹲位	3.00	9.00	150
12	小便槽(每米)	自动冲洗水箱	0.17	0.50	
13	化验盆(无塞)		0.20	0.60	40~50
14	净身器		0.10	0.30	40~50
15	饮水器		0.15	0.15	25~50
16	家用洗衣机		0.50	1.50	50

注:家用洗衣机下排水软管直径为30mm,上排水软管内径为19mm。

2. 排水设计秒流量

建筑内部排水管道的设计流量是确定各管段管径的依据,因此,排水设计流量的确定应符合建筑内部排水规律。建筑内部排水流量与卫生器具的排水特点和同时排水的卫生器具数量有关,具有历时短、瞬时流量大、两次排水时间间隔长、排水不均匀的特点。为保证最不利时刻的最大排水量能迅速、安全地排放,某管段的排水设计流量应为该管段的瞬时最大排水流量,又称为排水设计秒流量。

按建筑物的类型,我国生活排水设计秒流量计算公式有两个。

(1)住宅、宿舍(居室内设卫生间)、旅馆、医院、疗养院、幼儿园、养老院、办公楼、商场、会展中心、中小学校教学楼等建筑。

该类建筑用水设备使用不集中,用水时间长,同时排水百分数随卫生器具数量增加而减少,其排水设计秒流量计算公式为

$$q_p = 0.12\alpha\sqrt{N_p} + q_{max} \qquad (5-1)$$

式中:q_p——计算管段排水设计秒流量,L/s;

N_p——计算管段的卫生器具排水当量总数;

q_{max}——计算管段上排水量最大的一个卫生器具的排水流量,L/s;

α——根据建筑物用途而定的系数,按表5-5确定。

当按上式计算排水量时,若计算所得流量值大于该管段上按卫生器具排水流量累加值时,应按卫生器具排水流量累加值确定设计秒流量。

表 5-5 根据建筑物用途而定的系数 α 值

建筑物名称	住宅、宿舍(居室内设卫生间)、宾馆、医院、疗养院、幼儿园、养老院的卫生间	旅馆和其他公共建筑的公共盥洗室和厕所间
α 值	1.5	2.0~2.5

(2)宿舍(设公用盥洗卫生间)、工业企业生活间、公共浴室、洗衣房、职工食堂或营业

餐厅的厨房、实验室、影剧院、体育场(馆)等建筑。

该类建筑的卫生设备使用集中,排水时间集中,同时排水百分数大,其排水设计秒流量计算公式为

$$q_p = \sum q_0 N_0 b \tag{5-2}$$

式中:q_p——计算管段排水设计秒流量,L/s;

q_0——计算管段上同类型的一个卫生器具排水流量,L/s;

N_0——计算管段上同类型卫生器具数;

b——卫生器具的同时排水百分数,%,冲洗水箱大便器按12%计算,其他卫生器具的同时排水百分数与给水相同。

对于有大便器接入的排水管网起端,因卫生器具较少,大便器的同时排水百分数较小(如冲洗水箱大便器仅定为12%),按式(5-2)计算的排水设计秒流量可能会小于一个大便器的排水流量,这时应将一个大便器的排水量作为该管段的排水设计秒流量。

5.4.2 排水管道的水力计算

1. 根据经验确定的排水管最小管径

为了排水通畅,防止管道堵塞,保障室内环境卫生,规定了建筑内部排水管的最小管径:

(1)医院污物洗涤盆(池)的排水管管径不得小于75mm;

(2)浴池的泄水管管径宜采用100mm;

(3)小便槽或连接3个及3个以上的小便器,其污水支管管径不得小于75mm;

(4)公共食堂厨房内的污水采用管道排除时,管径应比计算管径放大一号,且干管管径不小于100mm,支管管径不小于75mm;

(5)大便器排水管最小管径不得小于100mm;

(6)建筑内部排水管的最小管径不得小于50mm,多层住宅厨房间的立管管径不宜小于75mm。

2. 按排水当量总数确定生活污水管管径

当卫生器具数量不多时,可根据管段上接入的卫生器具排水当量总数,按表5-6确定生活污水管的管径。

表5-6 排水管道允许连接卫生器具的当量数

建筑物性质	排水管道名称		管径/mm			
			50	75	100	150
住宅和公共居住建筑的小卫生间	横支管	无器具通气管	4	8	25	
		有器具通气管	8	14	100	
		底层单独排出	36	12		
	横干管			14	100	200
	立管	仅有伸顶通气管	5	25	70	
		有通气立管			900	1 000

建筑物性质	排水管道名称		管径/mm			
			50	75	100	150
集体宿舍、旅馆、医院办公楼、学校等公共建筑的盥洗室和厕所	横支管	无环形通气管	4.5	12	36	
		有环形通气管			100	
		底层单独排出	4	8	36	
	横干管			18	120	2 000
	立管	仅有伸顶通气管	6	70	100	2 500
		有通气立管			1 500	

3. 排水管道横管的水力计算

当计算管段上卫生器具数量较多时,必须进行水力计算,以便合理、经济地确定管径和管道坡度。

1) 计算规定

为了使排水管道在良好的水力条件下工作,在设计计算横支管和横干管时,必须满足以下 3 个水力要素设计规定。

(1) 充满度。排水管道中的污水是在非满流状态下自流排出室外的,管道充满度为管内水深 H 与管径 D 的比值,管道顶部未充满水的目的是有效排出管内臭气和有害气体、容纳超过设计的高峰流量、减少管道内的气压波动。

建筑内部排水横管的最大设计充满度见表 5-7。

表 5-7　排水横管最大设计充满度

排水管道类型	管径/mm	最大设计充满度
生活排水管道	≤125	0.5
	150~200	0.6
生产废水管道	50~75	0.6
	100~150	0.7
	≥200	1.0
生产污水管道	50~75	0.6
	75~100	0.7
	≥200	0.8

(2) 管道坡度。排水管道的坡度应满足流速和充满度的要求,建筑内部生活排水管道的坡度有标准坡度和最小坡度两种,一般情况下应采用标准坡度,当横管过长或建筑空间受限制时,可采用最小坡度。生活污水排水横管的坡度见表 5-8。

表 5-8 生活污水排水横管的标准坡度和最小坡度

管　材	管径/mm	坡　度	
		标准坡度	最小坡度
塑料管	50	0.026	0.012
	75	0.026	0.007
	90	0.026	0.005
	110	0.026	0.004
	125	0.026	0.003 5
	160	0.026	0.003
	200	0.026	0.003
铸铁管	50	0.035	0.025
	75	0.025	0.015
	100	0.020	0.012
	125	0.015	0.010
	150	0.010	0.007
	200	0.008	0.005

（3）管内流速。为使悬浮在污水中的杂质不沉落管底,污（废）水在排水管道中的水须有一个最小保证流速（或称自清流速）,见表 5-9;为防止管壁因受污水中坚硬杂质长期高速流动的摩擦而损坏和防止过大的水流冲击,又规定了排水管内最大允许流速,见表 5-10。

表 5-9 各种排水管道的自清流速值

管道类别	生活污水管道管径 d/mm			明渠（沟）	雨水管道及合流制管道
	$d<150$	$d=150$	$d>150$		
自清流速/(m/s)	0.60	0.65	0.70	0.40	0.75

表 5-10 管道内最大允许流速值　　　　　　　　　　　　　　　单位:m

管　道　材　料	生活污水	含有杂质的工业废水、雨水
金属管	7.0	10.0
陶土及陶瓷管	5.0	7.0
混凝土、钢筋混凝土及石棉水泥管	4.0	7.0

2）排水横管水力计算

计算管段排水设计秒流量按式(5-3)计算:

$$q_p = wv \times 10^3 \qquad\qquad (5\text{-}3)$$

式中：q_p——计算管段排水设计秒流量，L/s；

$\quad\ \ w$——管道或明渠的水流断面积，m^2；

$\quad\ \ v$——水流速度，m/s，按式(5-4)计算。

$$v = R^{2/3} i^{1/2} / n \tag{5-4}$$

式中：R——水力半径，m；

$\quad\ \ i$——水力坡度，采用排水管的坡度；

$\quad\ \ n$——粗糙系数，铸铁管为0.013；混凝土管、钢筋混凝土管为0.013~0.014；

$\qquad$ 钢管为0.012；塑料管为0.009。

为方便计算，人们编制了排水管道水力计算表。实际计算时，在符合最小管径和表5-7规定的最大设计充满度、表5-8规定的最小坡度的前提下，查表即可。

4. 排水立管计算

排水立管的通水能力与管径、系统是否通气、通气的方式和管材有关。生活排水立管的最大设计排水能力按表5-11确定，立管管径不得小于所连接的横支管管径。

表 5-11　生活排水立管最大设计排水能力　　　　　　　单位：L

排水立管系统类型			排水立管管径/mm				
			50	75	100(110)	125	150(160)
伸顶通气	立管与横支管连接配件	90°顺水三通	0.8	1.3	3.2	4.0	5.7
		45°斜三通	1.0	1.7	4.0	5.2	7.4
专用通气	专用通气管 75mm	结合通气管每层连接			5.5		
		结合通气管隔层连接		3.0	4.4		
	专用通气管 100mm	结合通气管每层连接			8.8		
		结合通气管隔层连接			4.8		
自循环通气	主、副通气立管＋环形通气管						
	专用通气形式				4.4		
	环形通气形式				5.9		
特殊单立管	混合器				4.5		
	内螺旋管＋旋流器	普通型		1.7	3.5		8.0
		加强型			6.3		

注：① 排水层数在15层以上时，宜乘0.9系数。

　② 排水立管管径括号中数字为排水塑料管管径。

当建筑底层无通气的排水支管与其楼层管道分开单独排出时，其排水横支管的管径可按表5-12确定。

表 5-12　无通气的底层单独排出的横支管最大设计排水能力

排水横支管管径/mm	50	75	100	125	150
最大排水能力/(L/s)	1.0	1.7	2.5	3.5	4.8

5. 通气管管径的确定

通气管的管径应根据排水能力、管道长度来确定,一般不宜小于排水管管径的 1/2,通气管最小管径可按表 5-13 确定。

表 5-13　通气管最小管径　　　　　　　　　　　单位:mm

管材	通气管名称	排水管管径/mm									
		32	40	50	75	90	100	110	125	150	160
铸铁管	器具通气管	32	32	32			50		50		
	环形通气管			32	40		50		50		
	通气立管			40	50		75		100	100	
塑料管	器具通气管		40	40				50			
	环形通气管			40	40	40		50	50		
	通气立管							75	90		110

通气立管长度小于或等于 50m 且两根及两根以上排水立管共用一根通气立管,应按最大一根排水立管管径查表确定共用通气立管管径,且其管径不小于其余任何一根排水立管管径。

结合通气管管径不宜小于与其相连的通气立管管径。

伸顶通气管管径应与排水立管管径相同。但在最冷月平均气温低于 −13℃ 的地区,应在室内平顶或吊顶以下 0.3m 处将管径放大一号。

5.4.3　排水系统设计实例

【例 5-1】　排水管道系统设计。

某 6 层住宅楼,卫生间平面布置见图 5-8。内设浴缸、坐便器、洗脸盆、洗衣机各一。试进行排水管道系统水力计算。

【解】　(1) 确定管道材料。选用 UPVC 排水塑料管。

(2) 绘制图纸。绘制卫生间平面图、管道系统图、计算简图,标注管段编号。见图 5-9 和图 5-10。

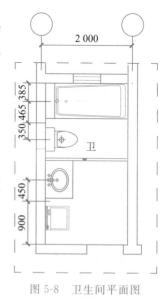

图 5-8　卫生间平面图

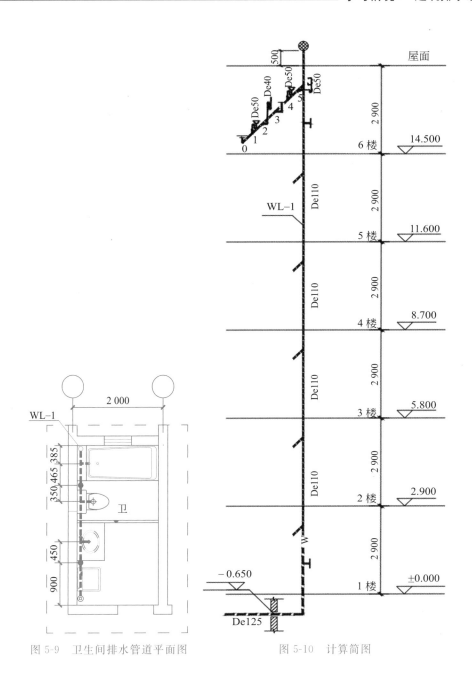

图 5-9　卫生间排水管道平面图 　　　　　　图 5-10　计算简图

（3）计算横支管各管段排水设计秒流量

$$q_p = 0.12\alpha\sqrt{N_p} + q_{max}$$

取 $\alpha = 1.5$，卫生器具的排水当量查表 5-4，计算出各管段的设计秒流量。查附录 4 排水塑料管水力计算表，在确保自清流速（表 5-9）的情况下，根据流量确定管径。查表 5-8，确定管道坡度。

排水横支管计算结果见表 5-14。

表 5-14　各层排水横支管水力计算表

| 管段编号 | 卫生器具名称数量 | | | | | 当量总数 N_p | 排水流量 q_{max} | 设计秒流量 q_p/(L/s) | 管径/mm | 坡度 i |
	洗衣机 $N_p=1.50$	洗脸盆 $N_p=0.75$	坐便器 $N_p=4.50$	地漏	浴盆 $N_p=3$					
0-1	1					1.50	0.50	0.720	50	0.030
1-2	1	1				2.25	0.50	0.770	50	0.030
2-3	1	1	1			6.75	1.5	1.962	110	0.030
3-4	1	1	1	1		6.75	1.5	1.962	110	0.030
4-5	1	1	1	1	1	9.75	1.0	2.054	110	0.030

（4）立管计算

立管接纳的排水当量总数为

$$N_p = 9.75 \times (6-1) = 48.75$$

立管最下部管段的排水设计秒流量：

$$q_p = 0.12 \times 1.5 \times \sqrt{48.75} + 1.5 = 2.757 (\text{L/s})$$

查表 5-11，伸顶通气，立管与横支管采用 90°顺水三通，选用立管管径 De=110mm，流量 q=3.2L/s，流速 v=0.69m/s。设计秒流量小于最大允许排水流量，符合要求。

（5）立管底部和排出管计算

立管底部和排出管的管径放大一号，取 De=125mm，取标准坡度 0.026，充满度 0.5，钻流量为 9.48L/s，流速为 1.72m/s，符合要求。

5.5　排水系统的安装

5.5.1　建筑排水管道安装

排水管道安装工艺流程：安装准备→管道预制→排水管道安装→灌水试验、通球试验。

1. 安装准备

（1）熟悉图纸，配合土建预留预埋。

（2）检查管材、管件。

2. 管道预制

管道安装一般采用就地加工安装。

3. 排水管道安装

安装顺序：排出管安装→立管安装→排水横管安装→排水支管安装→器具排水支管安装。

4. 灌水试验、通球试验

暗装或埋地的排水管道在隐蔽以前必须做灌水试验;明装管道在安装完后必须做灌水试验。

排水立管及水平干管管道均应做通球试验。

5.5.2　卫生设备的安装

1. 卫生设备的安装要求

(1)安装位置要正确。

(2)安装的卫生器具应稳固。

(3)安装应具有严密性。

(4)安装应具有可拆卸性。

(5)安装应具有美观性。

2. 卫生器具的安装质量要求

(1)卫生器具交工前应做满水和通水试验。

(2)卫生器具及其排水管道的安装偏差应符合规范要求。

小　结

本学习情境介绍了排水系统的分类与组成、排水体制;排水系统的管材、管件和附件;卫生器具及冲洗设备的类型和作用;排水系统的设计及计算;排水系统的安装等内容。

学习笔记

复习思考题

1. 建筑排水系统分为哪几类？

2. 排水体制分几类？应如何选择？

3. 建筑内部排水系统由哪几部分组成？各有什么作用？

4. 通气管系统有哪几种？其设置的要求和条件是什么？

5. 卫生器具按使用功能可分为哪几类？

6. 什么是排水当量和排水设计秒流量？

7. 室内排水管道安装后应做哪些试验？

技能训练一:卫生间排水系统图绘制

1. 实训目的:通过卫生间排水管道平面图和系统图绘制,学生掌握绘图基本技能。

2. 实训准备:卷尺、图纸、丁字尺、三角板、铅笔等。

3. 实训内容:

(1) 3人一组,实测教学楼男、女卫生间尺寸及卫生器具布置,绘制卫生间平面图。

(2) 确定排水立管位置,确定地漏、清扫口位置。

(3) 绘制卫生间排水管道平面图、系统图。

技能训练二:教学楼排水系统设计

1. 实训目的:通过教学楼排水系统的设计,学生掌握室内排水系统的组成,掌握排水管道流量计算、管径计算和压力损失计算。

2. 实训准备:教学楼建筑图、相关工具书、规范等。

3. 实训内容:

(1)根据建筑平面图,绘制教学楼排水平面图、系统图。

(2)根据水力计算步骤要求,进行水力计算,确定系统的设计秒流量、管径等。

学习情境 6 建筑屋面雨水排水系统

学习目标

1. 了解屋面雨水排水系统的分类；
2. 熟悉屋面雨水排水方式；
3. 掌握屋面雨水排水系统的水力计算方法；
4. 掌握雨水排水管道的施工安装技术。

学习内容

1. 屋面雨水排水系统的分类和组成；
2. 雨水排水系统的水力计算与设计；
3. 雨水排水管道的布置与安装。

6.1 建筑屋面雨水排水系统的分类

建筑屋面雨水排水系统的任务，是及时排出降落在建筑物屋面的雨水、雪水，避免形成屋顶积水对屋顶造成威胁，或造成雨水溢流、屋顶漏水等水患事故，以保证人们正常生活和生产活动。

屋面雨水的排出方式按雨水管道的位置分为外排水系统和内排水系统。一般情况下，应尽量采用外排水系统或将两种排水系统综合考虑。

6.1.1 外排水系统

外排水系统是指屋面不设雨水斗，建筑物内部没有雨水管道的雨水排放系统。按屋面有无天沟，外排水系统又分为普通外排水系统和天沟外排水系统。

1. 普通外排水系统

普通外排水系统又称檐沟外排水系统，由檐沟和雨落管组成，如图 6-1 所示。降落到屋面的雨水沿屋面集流到檐沟，然后流入隔一定距离沿外墙设置的雨落管排至地面或雨水口。雨落管多用镀锌铁皮管或塑料管，镀锌铁皮管为方形，断面尺寸一般为 80mm×100mm 或 80mm×120mm，塑料管管径为 75mm 或 100mm。根据降雨量和管道的通水能力确定一根雨落管服务的房屋面积，再根据屋面形状和面积确定雨落管间距。根据经验，民用建筑雨落管间距为 8～12m,工业建筑雨落管间距为 18～24m。普通外排水方式适用于普通住宅、一般公共建筑和小型单跨厂房。

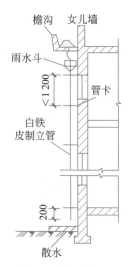

2. 天沟外排水系统

天沟外排水系统由天沟、雨水斗和排水立管组成,如图 6-2 所示。天沟设置在两跨中间并坡向端墙,雨水斗沿外墙布置。降落到屋面上的雨水沿坡向天沟的屋面汇集到天沟,沿天沟流至建筑物两端(山墙、女儿墙),入雨水斗,经立管排至地面或雨水井。天沟外排水系统适用于长度不超过 100m 的多跨工业厂房。

天沟的排水断面形式根据屋面情况而定,一般多为矩形和梯形。天沟坡度不宜太大,以免天沟起端屋顶垫层过厚而增加结构的荷重,但也不宜太小,以免天沟抹面时局部出现倒坡,雨水在天沟中集聚,造成屋顶漏水,所以天沟坡度一般在 0.003～0.006。

天沟内的排水分水线应设置在建筑物的伸缩缝或沉降缝处,天沟的长度应根据地区暴雨强度、建筑物跨度、天沟断面形式等进行水力计算确定,一般不超过 50m。为了排水安全,防止天沟末端积水太深,在天沟顶端设置溢流口,溢流口比天沟上檐低 50～100mm。

图 6-1 檐沟外排水

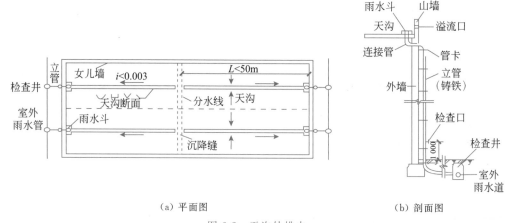

(a) 平面图   (b) 剖面图

图 6-2 天沟外排水

采用天沟外排水方式,在屋面不设雨水斗,排水安全可靠,不会因施工不善造成屋面漏水或检查井冒水,且节省管材,施工简便,有利于厂房内空间利用,也可减小厂区雨水管道的埋深。但因为天沟有一定的坡度,而且较长,排水立管在山墙外,也存在着屋面垫层厚、结构负荷增大的问题,使晴天屋面堆积灰尘多,雨天天沟排水不畅,在寒冷地区排水立管有被冻裂的可能。

6.1.2　内排水系统

将雨水管道系统设置在建筑物内部的雨水排水系统称为内排水系统。内排水系统适用于屋面跨度大、屋面曲折(壳形、锯齿形)、屋面有天窗等设置天沟有困难的情况,以及高层建筑、建筑立面要求比较高的建筑、大屋顶建筑、寒冷地区的建筑等不宜在室外设置雨水立管的情况。

1. 内排水系统的组成

内排水系统由雨水斗、连接管、悬吊管、立管、排出管、埋地干管和检查井组成,如图6-3所示。降落到屋面上的雨水,沿屋面流入雨水斗,经连接管、悬吊管进入排水立管,再经排出管流入雨水检查井,或经埋地干管排至室外雨水管道。

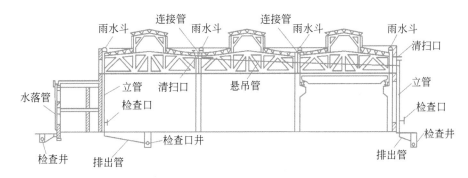

(a) 剖面图

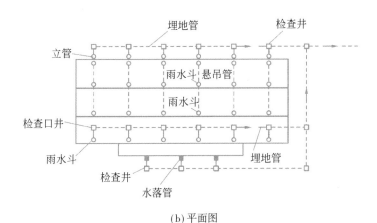

(b) 平面图

图 6-3 内排水系统

2. 内排水系统分类

1）单斗和多斗雨水排水系统

按每根立管连接的雨水斗数量,内排水系统可分为单斗和多斗雨水排水系统两类。

单斗系统一般不设悬吊管,多斗系统中悬吊管将雨水斗和排水立管连接起来。

2）敞开式和密闭式雨水排水系统

按排除雨水的安全程度,内排水系统分为敞开式和密闭式两种排水系统。

内排水系统利用重力排水,雨水经排出管进入普通检查井。但由于设计和施工的原因,当暴雨发生时,会出现检查井冒水现象,造成危害。敞开式内排水系统也有在室内设悬吊管、埋地管和室外检查井的做法,这种做法虽可避免室内冒水现象,但管材耗量大且悬吊管外壁易结露。

密闭式内排水系统利用压力排水,埋地管在检查井内用密闭的三通连接。当雨水排泄不畅时,室内不会发生冒水现象。其缺点是不能接纳生产废水,需另设生产废水排水系统。

为了安全可靠,一般宜采用密闭式内排水系统。

3）压力流(虹吸式)、重力伴有压流和重力无压流雨水排水系统

按雨水管中水流的设计流态,可分为压力流(虹吸式)、重力伴有压流和重力无压流雨水排水系统。

压力流(虹吸式)雨水排水系统采用虹吸式雨水斗,管道中呈全充满的压力流状态,屋面雨水的排泄过程是一个虹吸排水过程。工业厂房、库房、公共建筑的大型屋面雨水排水宜采用压力流(虹吸式)雨水系统。

重力伴有压流雨水排水系统中设计水流状态为伴有压流,管内气水混合,在重力和负压抽吸双重作用下流动。

重力无压流,雨水通过自由堰流入管道,在重力作用下附壁流动,管内压力正常。

3. 内排水系统的布置与敷设

1）雨水斗

雨水斗是一种专用装置,设在屋面,雨水由此进入雨水管道。雨水斗有整流格栅装置,能迅速排除屋面雨水,格栅具有整流作用,避免形成过大的旋涡,稳定斗前水位,减少掺气,并拦隔树叶等杂物,格栅可以拆卸以便清理格栅上的杂物。

雨水斗有 65 型、79 型、87 型和虹吸雨水斗等,有 75mm、100mm、150mm 和 200mm 4 种规格。在阳台、花台、供人们活动的屋面及窗井处可采用平箅式雨水斗。

2）连接管

连接管是连接雨水斗和悬吊管的一段竖向短管。连接管一般与雨水斗同径,但不宜小于 100mm,连接管应牢固固定在建筑物的承重结构上,下端用斜三通与悬吊管连接。

3）悬吊管

悬吊管连接雨水斗和排水立管,是雨水内排水系统中架空布置的横向管道,一般沿梁或管道下弦布置,其管径不小于雨水斗连接管管径,常采用 100mm、150mm。

悬吊管在实际工作时是压力流,管材应采用铸铁管或塑料管,铸铁管的坡度不小于0.01,塑料管的坡度不小于 0.005。悬吊管通常用铁箍、吊卡固定在建筑物的桁架或梁上。在管道可能受振动或生产工艺有特殊要求时,可采用钢管焊接连接。悬吊管与立管建议采用 45°三通或 90°斜三通连接。

4）立管

立管承接悬吊管或雨水斗流来的雨水,一根立管连接的悬吊管根数不多于两根,立管管径不得小于悬吊管管径。立管宜沿墙、柱安装,在距地面 1m 处设检查口。立管的管材和接口与悬吊管相同,一般采用铸铁管或塑料管。

为避免排水立管发生故障时,屋面雨水系统瘫痪,设计时,建筑屋面各个汇水范围内,雨水排水立管不宜少于两根。

5）排出管

排出管是立管和检查井间的一段有较大坡度的横向管道,其管径不得小于立管管径。排出管与下游埋地管在检查井中宜采用管顶平接,水流转角不得小于 135°。

6）埋地管

埋地管敷设于室内地下,承接立管的雨水将其排至室外雨水管道。埋地管最小管径为200mm,最大不超过600mm。

埋地管一般采用混凝土管、钢筋混凝土管、UPVC管或陶土管,管道坡度按生产废水管道最小坡度值设计。

7）附属构筑物

常见的附属构筑物有检查井、检查口井和排气井,用于雨水管道的清扫、检修、排气。检查井适用于敞开式内排水系统,设置在排出管与埋地管连接处,埋地管转弯、变径及长度超过30m的直线管路上。检查井井深不小于0.7m,井内采用管顶平接,井底设高流槽,流槽应高出管顶200mm。埋地管起端几个检查井与排出管间应设排气井。密闭内排水系统的埋地管上设检查口,将检查口放在检查井内,便于清通检修,称为检查口井。

6.1.3 雨水排水系统的管道材料

重力流排水系统,多层建筑宜采用建筑排水塑料管,高层建筑宜采用承压塑料管、金属管;压力流排水系统,宜采用内壁较光滑的带内衬的承压排水铸铁管、承压塑料管和钢塑复合管。小区雨水排水系统可选用埋地塑料管、混凝土管或钢筋混凝土管、铸铁管等。

6.2 建筑屋面雨水排水系统的设计与计算

6.2.1 雨水量计算

屋面雨水排水系统的雨水量是设计雨水系统的依据。

1. 计算公式

设计雨水量可按式(6-1)计算:

$$Q_y = K_1 \frac{F_w q_5}{100} \psi \tag{6-1}$$

式中:Q_y——设计雨水流量,L/s;

K_1——设计重现期为一年时屋面宣泄能力的系数:

平屋面(坡度<2.5%)时,$K_1=1$;

斜屋面(坡度≥2.5%)时,$K_1=1.5\sim2.0$;

F_w——汇水面积,m^2;

q_5——当地降雨历时5min的降雨强度,L/(s·$100m^2$);

ψ——径流系数,按表6-1选取。

设计雨水量也可根据小时降雨厚度计算,按式(6-2)计算:

$$Q_y = K_1 \frac{F_w h_5}{3\,600} \tag{6-2}$$

式中：h_5——小时降雨厚度，mm/h。

由式(6-1)和式(6-2)可得，$h_5 = 36q_5$。

表 6-1　径流系数

地 面 种 类	径流系数 ψ
各种屋面、混凝土或沥青路面	0.85～0.95
大块石铺砌路面或沥青表面处理的碎石路面	0.55～0.65
级配碎石路面	0.40～0.50
干砌砖石或碎石路面	0.35～0.40
非铺砌土路面	0.25～0.35
公园或绿地	0.10～0.20

2. 设计暴雨强度

设计暴雨强度应按当地或相邻地区暴雨强度公式计算确定，暴雨强度与设计重现期 P 和降雨历时 t 有关。

1）设计重现期

屋面雨水排水设计重现期应根据建筑物的重要程度、汇水区域性质、地形特点、气象特征等因素确定。各种汇水区域的设计重现期不宜小于表 6-2 规定的数值。

表 6-2　各种汇水区域的设计重现期

汇水区域名称		设计重现期/a
屋面	一般性建筑物屋面	2～5
	重要公共建筑屋面	≥10
室外场地	居住小区	1～3
	车站、码头、机场的基地	2～5
	下沉式广场、地下车库坡道入口	5～50

注：① 工业厂房屋面雨水排水设计重现期由生产工艺、建筑物重要程度等因素确定。

② 下沉式广场设计重现期应根据广场的构造、重要程度、短期积水即能引起较严重后果等因素确定。

2）降雨历时

建筑屋面雨水排水管道的设计降雨历时按 5min 计算，其他建筑物基地、居住小区雨水管道的设计历时可按《建筑给水排水设计标准》(GB 50015—2019)中规定的方法计算。

3）暴雨强度

降雨历时 5min 暴雨强度 q_5 可查当地的气象资料或有关设计手册来确定。表 6-3 为我国部分城市的设计重现期 P 为 1～3 年时，5min 暴雨强度 q_5 的数值。

3. 雨水汇水面积

雨水汇水面积应按地面、屋面的水平投影面积计算。高出屋面的侧墙，应附加其最大受雨面正投影的一半作为有效汇水面积计算。窗井、贴近高层建筑外墙的地下汽车库出入口坡道和高层建筑裙房屋面的雨水汇水面积,应附加其高出部分侧墙面积的1/2。

表 6-3　我国部分城市的 5min 暴雨强度 q_5

城市名称	$q_5/(\mathrm{L}\cdot(\mathrm{s}\cdot100\mathrm{m}^2)^{-1})$			城市名称	$q_5/(\mathrm{L}\cdot(\mathrm{s}\cdot100\mathrm{m}^2)^{-1})$		
	$P=1a$	$P=2a$	$P=3a$		$P=1a$	$P=2a$	$P=3a$
北京	323	401	448	郑州	331	435	495
上海	336	419	467	武汉	313	383	424
天津	277	348	389	广州	380	441	477
石家庄	276	351	392	南宁	402	456	483
太原	231	292	327	西安	134	187	221
包头	227	292	333	银川	112	140	157
长春	341	411	452	兰州	147	189	214
沈阳	286	357	397	长沙	275	331	364
哈尔滨	267	339	381	乌鲁木齐	39	49	54
济南	286	352	390	成都	307	349	368
南京	292	351	386	贵阳	296	353	390
合肥	304	373	414	昆明	315	388	432
杭州	298	374	418	西宁	121	172	201
南昌	423	510	562	拉萨	257	315	349
福州	348	413	452				

4. 径流系数

屋面的雨水径流系数一般取 0.9。各种汇水面积的综合径流系数应加权平均计算。

5. 溢流口、溢流堰、溢流管

建筑屋面雨水排水系统应设置溢流口、溢流堰、溢流管等溢流设施。溢流排水不得危害建筑设施和行人安全。

一般建筑的重力流屋面雨水排水系统与溢流设施的总排水能力不应小于 10 年重现期的雨水量。重要公共建筑、高层建筑的屋面雨水排水系统与溢流设施的总排水能力不应小于 50 年重现期的雨水量。

6. 设计流态

建筑屋面雨水管道设计流态宜符合下列状态:

(1)檐沟外排水宜按重力流设计;

(2)天沟外排水宜按满管压力流设计;

(3)高层建筑屋面雨水排水宜按重力流设计;

(4)工业厂房、库房、公共建筑的大型屋面雨水排水宜按满管压力流设计。

6.2.2 雨水排水系统的设计计算

1. 普通外排水设计计算

根据屋面坡向和建筑物立面要求,按经验布置雨落管,划分并计算每根雨落管的汇水面积,按式(6-1)或式(6-2)计算每根雨落管需要排泄的雨水量。

查表 6-4,确定雨落管管径。

表 6-4 雨水排水立管最大设计泄流量

管径/mm	75	100	125	150	200
最大设计泄流量/(L/s)	9.0	19.0	29.0	42.0	75.0

注:75mm 管径立管用于阳台雨水排放。

2. 天沟外排水设计计算

1) 计算公式

雨水流量计算公式见式(6-1)。

天沟内流速 v、过水断面积 w 和汇水面积 F 计算公式如下:

$$v = \frac{1}{n} R^{\frac{2}{3}} i^{\frac{1}{2}} \tag{6-3}$$

$$w = \frac{Q}{v} \tag{6-4}$$

$$F = LB \tag{6-5}$$

式中:v——天沟中水流速度,m/s;

n——天沟的粗糙系数,见表 6-5;

R——水力半径,m;

i——天沟坡度;

w——天沟的过水断面积,m^2;

Q——天沟排除雨水流量,m^3/s;

F——屋面汇水面积,m^2;

L——天沟长度,m;

B——厂房跨度,m。

2) 粗糙系数 n 值

粗糙系数 n 值的选取应根据天沟的材料及施工情况确定,一般天沟的 n 值见表 6-5。

表 6-5 采用各种材料的明渠的粗糙系数

明渠壁面材料情况	表面粗糙系数 n 值
水泥砂浆光滑抹面混凝土槽	0.011
普通水泥砂浆抹面混凝土槽	0.012～0.013
无抹面混凝土槽	0.014～0.017
喷浆抹面混凝土槽	0.016～0.021
表面不整齐的混凝土槽	0.020
豆砂沥青玛蹄脂混凝土槽	0.025

3）天沟断面及尺寸

天沟断面的形式多是矩形或梯形,其尺寸应由计算确定。为了排水安全可靠,天沟应有不小于100mm的保护高度,天沟起点水深不应小于80mm。

4）天沟排水立管

天沟排水立管的管径可按表6-4选取。

5）溢流口

天沟末端山墙、女儿墙上设置溢流口,用以排泄立管来不及排除的雨水量,其排水能力可按宽顶堰计算:

$$Q = mb(2g)^{\frac{1}{2}}H^{\frac{3}{2}} \tag{6-6}$$

式中:Q——溢流水量,L/s;

　　　m——流量系数,可采用320;

　　　b——堰口宽度,m;

　　　g——重力加速度(m/s²),取值为9.81。

　　　H——堰上水头,m;

3. 雨水内排水系统水力计算

传统屋面雨水内排水系统的计算包括雨水斗、连接管、悬吊管、立管、排出管和埋地管等的选择、计算。

1）雨水斗

雨水斗的汇水面积与其泄流量的大小有直接关系,雨水斗的汇水面积可用式(6-7)计算:

$$F = KQ \tag{6-7}$$

式中:F——雨水斗的汇水面积,m²;

　　　Q——雨水斗的泄流量,L/s,见表6-6;

　　　K——系数,取决于降雨强度,可用 $K = 3\,600/h$ 计算,其中 h 为小时降雨厚度,单位为 mm/h。

表 6-6　屋面雨水斗最大泄流量(实验值)

斗　　数	雨水斗规格/mm	最大实验泄流量/(L/s)
单斗	75	9.5
	100	15.5
	150	31.5
	200	51.5
多斗	75	7.9
	100	12.5
	150	25.9
	200	39.2

根据式(6-7)和表 6-6 对于不同的小时降雨厚度,可计算出单斗的最大允许汇水面积(见表 6-7)及多斗的最大允许汇水面积(见表 6-8)。

表 6-7　单斗系统一个雨水斗最大允许汇水面积　　　　　　　　单位:m²

雨水斗形式	雨水斗直径/mm	降雨厚度/(mm/h)											
		50	60	70	80	90	100	110	120	140	160	180	200
79 型	75	884	570	489	428	380	342	311	285	244	214	190	171
	100	1 116	930	797	698	620	558	507	465	399	349	310	279
	150	2 268	1 890	1 620	1 418	1 260	1 134	1 031	945	810	709	630	567
	200	3 708	3 090	2 647	2 318	2 060	1 854	1 685	1 545	1 324	1 159	1 030	927
65 型	100	1 116	930	797	698	620	558	507	465	399	349	310	279

表 6-8　多斗系统一个雨水斗的最大允许汇水面积　　　　　　　　单位:m²

雨水斗形式	雨水斗直径/mm	降雨厚度/(mm/h)											
		50	60	70	80	90	100	110	120	140	160	180	200
79 型	75	569	474	406	356	316	284	259	237	203	178	158	142
	100	929	774	663	581	516	464	422	387	332	290	258	232
	150	1 865	1 554	1 331	1 166	1 036	932	847	777	666	583	518	466
	200	2 822	2 352	2 016	1 764	1 568	1 411	1 283	1 176	1 008	882	784	706
65 型	100	929	774	663	581	516	464	422	387	332	290	258	232

2)连接管

一般情况下,一根连接管上接一个雨水斗,因此连接管的管径不必计算。可采用与雨水斗出口直径相同的连接管。

3)悬吊管

悬吊管的排水流量与连接雨水斗的数量和雨水斗至立管的距离有关。连接雨水斗数量多,则雨水斗掺气量大,水流阻力大;雨水斗至立管远,则水流阻力大,所以悬吊管的排水流量小。一般单斗系统的泄水能力,可比同样情况下的多斗系统增大 20% 左右。

悬吊管的最大汇水面积见表 6-9。表 6-9 中数值是按照小时降雨强度为 100mm/h,管道充满度为 0.8,敷设坡度不得小于 0.005 和管内壁粗糙系数 $n=0.013$ 计算的。如果设计小时降雨厚度与此不同,则应将屋面汇水面积换算成 100mm/h 的汇水面积,然后再查用表 6-9 确定所需管径。

例如,当地的暴雨强度按 5min 降雨历时,1 年重现期计算,其降雨厚度为 $h(mm/h)$ 时,则其换算系数为 $K=h/100=0.01h$。换算后的面积为 $F_{100}=Fh \times 0.01h=0.01Fh \cdot h(m^2)$。因单斗架空系统的悬吊管泄水能力,可以比多斗悬吊管多 20%,因此单斗的 $F_{100}=1.2 \times 0.01Fh \cdot h(m^2)$。

表 6-9　多斗雨水排水系统中悬吊管最大允许汇水面积　　　　　　单位:m²

管坡	管径				
	100mm	150mm	200mm	250mm	300mm
0.007	152	449	967	1 751	2 849
0.008	163	480	1 034	1 872	3 046
0.009	172	509	1 097	1 986	3 231
0.010	182	536	1 156	2 093	3 406
0.012	199	587	1 266	2 293	3 731
0.014	215	634	1 368	2 477	4 030
0.016	230	678	1 462	2 648	4 308
0.018	244	719	1 551	2 800	4 569
0.020	257	758	1 635	2 960	4 816
0.022	270	795	1 715	3 105	5 052
0.024	281	831	1 791	3 243	5 276
0.026	293	865	1 864	3 375	5 492
0.028	304	897	1 935	3 503	5 699
0.030	315	929	2 002	3 626	5 899

注:① 本表计算中 $h/D = 0.8$。

② 管道的 $n = 0.013$。

③ 小时降雨厚度为 100mm。

4) 立管

掺气水流通过悬吊管流入立管形成极为复杂的流态,使立管上部为负压,下部为正压,因而立管处于压力流状态,其泄水能力较大。但考虑到降雨过程中,常有可能超过设计重现期及水流掺气占有一定的管道容积,泄流能力必须留有一定的余量,以保证运行安全。不同管径的立管最大允许汇水面积见表 6-10。

表 6-10　立管最大允许汇水面积

管径/mm	75	100	150	200	250	300
汇水面积/m²	360	720	1 620	2 880	4 320	6 120

表 6-10 是按照降雨厚度 100mm/h 列出的最大允许汇水面积。如设计降雨厚度不同,则应换算成相当于 100mm/h 的汇水面积,再来确定其立管管径。

5) 排出管

排出管的管径一般采用与立管管径相同,不必另行计算。如果排出管的管径加大一号,可以改善管道排水的水力条件,减小水头损失,增加立管的泄水能力,对整个架空管系排水有利。

为了改善埋地管中水力条件,减小水流掺气,可在埋地管中起端几个检查井的排出管上设放气井,散放水中分离的空气,稳定水流,对防止冒水有一定作用。

6）埋地管

由架空管道系统流来的雨水掺有空气,抵达检查井时,水流速度降低,放出部分掺气,阻碍水流排放,为了排水畅通,埋地管中应留有过气断面面积,采用建筑排水横管的计算方法,控制最大计算充满度和最小坡度。此外,在起端几个检查井的排出管上设置放气井,以防检查井冒水。

4. 虹吸式屋面雨水排水系统设计计算

虹吸式屋面雨水排水系统按压力流进行计算,应充分利用系统提供的可利用水头,以满足流速和水头损失允许值的要求。水力计算的目的是合理确定管径,降低造价,使系统各节点由不同支路计算的压力差限定在一定的范围内,保证系统安全、可靠、正常地工作。

1）虹吸雨水斗规格和数量

天沟应以伸缩缝、沉降缝、变形缝为分界线划分汇水面积,并计算汇水面积和雨水设计流量。天沟坡度不宜小于0.003。各种汇水区域的设计重现期,一般情况下取3～5a,特殊国家重点项目可取10～50a。

满管压力流应选用虹吸式雨水斗,并应根据不同型号的具体产品确定其最大泄流量,虹吸雨水斗的名义口径一般有$D50$、$D75$、$D100$三种。其排水能力见表6-11。

表6-11　虹吸雨水斗排水能力

雨水斗规格/mm	$D50$	$D75$	$D100$
雨水斗泄流量/(L/s)	6.0	12.0	25.0

2）悬吊管和立管

虹吸式雨水系统的雨水斗和管道一般由专业设备商配套供应,但悬吊管和立管的管径计算应在同时满足以下条件的基础上确定。

（1）悬吊管最小流速不宜小于1m/s,立管流速不宜小于2.2m/s。管道最大流速宜在6～10m/s。

（2）系统的总水头损失（从最远雨水斗到排出口）与出口处的速度水头之和,不得大于雨水管进、出口的几何高差,水头的单位为kPa。系统中各个雨水斗到系统出口的压力损失之间的差值,不应大于10kPa;各节点压力的差值,当DN≤75mm时,不应大于10kPa,当DN≥100mm时,不大于5kPa。

（3）系统中的最大负压绝对值,金属管应小于80kPa,塑料管应小于70kPa;否则应放大悬吊管管径或缩小立管管径。

（4）当立管管径DN≤75mm时,雨水斗顶面和系统出口的几何高差$H \geqslant 3$m;当DN≥90mm时,$H \geqslant 5$m。如不能满足要求,应增加立管根数,同时减小管径。

（5）立管管径应经计算确定,可小于上游横管管径。

（6）压力流排水管出口应放大管径,其出口水流速度不宜大于1.8m/s,如出口水流速度大于1.8m/s时,应采取消能措施。

6.2.3 雨水排水系统的设计实例

【**例 6-1**】 天津某车间天沟外排水设计。

天津某车间全长为 144m,跨度为 18m;利用拱形屋架及大型屋面板所形成的矩形凹槽作为天沟,天沟槽宽度为 0.65m,积水深度为 0.15 m;天沟坡度为 0.006;天沟表面铺绿豆砂,粗糙系数 $n=0.025$。屋面天沟布置如图 6-4 所示。计算天沟的排水流量是否满足要求,确定立管直径和溢流口泄流量。

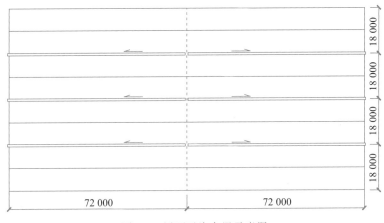

图 6-4 屋面天沟布置示意图

【**解**】 (1)天沟的过水断面积:

$$\omega = 0.65 \times 0.15 = 0.097\ 5(\text{m}^2)$$

(2)湿周:

$$x = 0.65 + 0.15 \times 2 = 0.95(\text{m})$$

(3)水力半径:

$$R = 0.097\ 5 \div 0.95 = 0.103(\text{m})$$

(4)水流速度:

$$v = \frac{1}{n}R^{\frac{2}{3}}i^{\frac{1}{2}} = \frac{1}{0.025} \times 0.103^{\frac{2}{3}} \times 0.006^{\frac{1}{2}} = 0.68(\text{m/s})$$

(5)天沟的排水量:

$$Q = \omega v = 0.097\ 5 \times 0.68 = 0.067(\text{m}^3/\text{s}) = 67(\text{L/s})$$

(6)天沟的汇水面积:

$$F_{\text{w}} = LB = 144 \div 2 \times 18 = 1\ 296(\text{m}^2)$$

（7）暴雨量计算。当重现期为 1a 时，查表 6-3 我国部分城市的 5min 暴雨强度得

$$q_5 = 2.77 \text{L}/(\text{s} \cdot 100\text{m}^2)$$
$$Q_y = K_1 F_w q_5 \psi \times 10^{-2} = 1.5 \times 1\,296 \times 2.77 \times 1 \times 10^{-2} = 53.8(\text{L/s})$$

故 1 年重现期暴雨量＜天沟的排水量。

当重现期为 1 年时，允许的汇水面积为

$$F = Q \div q_5 = 67 \times 100 \div 2.77 = 2\,419(\text{m}^2) > 1\,296(\text{m}^2)$$

允许的天沟流水长度为

$$L = 2\,419 \div 18 = 134(\text{m}) > 72(\text{m})$$

由以上天沟长度的核算，说明设计的天沟是安全可用的。

（8）雨水排水立管

查表 6-5，如塑料立管管径采用 200mm，则允许排水流量为 62.8L/s。能满足 1a 重现期的暴雨流量 53.8L/s 的排水要求。

（9）溢流口

在天沟端墙上开一个溢流口，口宽 $b = 0.65$m。堰上水头压力采用 $H = 1.5$kPa，流量系数 $m = 320$，则溢流口的排水流量为

$$Q = mb(2g)^{\frac{1}{2}} H^{\frac{3}{2}} = 320 \times 0.65 \times (2 \times 9.81)^{\frac{1}{2}} \times 0.15^{\frac{3}{2}} = 53.5(\text{L/s})$$

也基本上满足溢流要求。

【例 6-2】　上海厂房屋面雨水排水设计。

上海某厂房为钢结构坡屋面，采用 PVC 塑料管做天沟外排水。已知一根立管的汇水面积为 240m²，经当地资料统计近 10 年的最大暴雨强度 $H_5 = 192$mm/h。试确定雨水斗规格和立管管径。

【解】　屋面为坡屋面，屋面泄水能力 $K_1 = 1.5$，雨水径流系数 $\psi = 1.0$。雨水设计流量：

$$q_5 = H_5 \div 0.36 = 192 \div 0.36 = 533[\text{L}/(\text{s} \cdot 100\text{m}^2)]$$
$$Q_y = K_1 F_w q_5 \psi \times 10^{-2} = 1.5 \times 240 \times 533 \times 1 \times 10^{-4} = 19.19(\text{L/s})$$

根据表 6-4 和表 6-5，选用 DN150 的雨水斗，其最大泄流量为 26L/s；选用 DN150 的塑料雨水立管，其最大泄流量为 34.7L/s，均大于雨水设计流量 19.19L/s，满足要求。

【例 6-3】　内排水雨水斗设计。

某厂房为钢结构平屋面，其屋面尺寸及汇水面积的划分如图 6-5 所示。业主要求雨水斗和立管尽量少。当地资料统计近 10 年的最大暴雨强度 $H_5 = 280$mm/h，另外该项目属于在原有建筑边上新建，连接面不能下管。试确定雨水斗规格和数量。

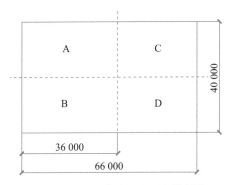

图 6-5　屋面尺寸及汇水面积的划分

【解】　屋面为平屋面，$K_1 = 1.0$，雨水径流系数 $\psi = 1.0$。雨水设计流量：

$$q_5 = H_5 \div 0.36 = 280 \div 0.36 = 778 [\text{L}/(\text{s} \cdot 100\text{m}^2)]$$

$$Q_y = K_1 F_w q_5 \psi \times 10^{-2}$$

选用 $D100$ 虹吸式雨水斗，单斗最大泄流量为 25L/s。

各区域计算数据见表 6-12。

表 6-12　屋面雨水斗设计表

区域	面积/m²	流量/(L/s)	雨水斗数量/个	每个雨水斗流量/(L/s)	斗间距离/m
A	720	56	3	18.67	12
B	720	56	3	18.67	12
C	600	46.7	2	23.33	15
D	600	46.7	2	23.33	15

6.3　雨水排水管道的布置与安装

6.3.1　雨水排水管道的布置

建筑屋面各汇水范围内，雨水排水立管不宜少于 2 根。为便于稳固管道，雨水斗的设置位置应沿墙、梁、柱布置；当采用多斗排水系统时，同一系统的雨水斗应在同一水平面上，且一根悬吊管上的雨水斗不宜多于 4 个，最好对称布置。

为防止雨水排水管道堵塞，便于清通，有埋地排出管的屋面雨水排水系统，立管底部应设清扫口，埋地管上设雨水检查井。

6.3.2　雨水排水管道的安装

以屋面内排水系统为例，雨水排水管道安装是从下至上逐层安装，宜按如下顺序进行：

安装准备→安装埋地排出管→安装雨水立管→安装悬吊管→安装雨水斗→灌水试验。

1. 安装准备

（1）检查管材、雨水斗等材料规格。

（2）熟悉图纸，按图确定管道安装的准确位置，配合土建预留孔洞和预埋套管。

（3）做好管道所需的支、吊架和管卡预埋预装。

（4）做好管道、附件预制加工和表面防腐刷漆工作。

2. 安装埋地排出管

（1）埋地排出管宜选用 PVC-U 塑料管、铸铁管、钢管或钢筋混凝土管。

（2）埋地排出管管径不得小于与其连接的雨水立管管径，且不小于 200mm，埋地管应有不小于 0.003 的坡度，坡向水流方向。

（3）埋地排出管穿越建筑物外墙处应设防水套管。

3. 安装雨水立管

（1）雨水立管一般沿墙、柱安装，应牢固地固定在承重结构上。

（2）雨水立管管径应不小于与其连接的悬吊管管径，也不宜大于 300mm。每隔 2m 设卡箍固定。

（3）雨水立管应按设计要求装设检查口，一般距室内地面 1.0m。

4. 安装悬吊管

（1）悬吊管与立管的连接，应采用 45°三通或 45°四通和 90°斜三通或 90°斜四通。

（2）悬吊管横管长度大于 15m，应设检查口或带法兰堵口的三通。间距要求：管径 DN≤150mm，间距不大于 15m；管径 DN200，间距不大于 20m。

（3）悬吊管安装坡度不小于 0.005，坡向水流方向。

（4）应在悬吊管适当位置或雨水斗连接管之下安装补偿装置，一般可采用橡胶短管或承插式柔性接口。

5. 安装雨水斗

（1）雨水斗一般安装在屋面预留孔洞内，四周填塞防水油毡。

（2）雨水斗下的短管应牢固固定在屋面承重结构上，防止水流冲击和连接管自重作用造成防水层接缝处漏水。

（3）安装在伸缩缝或沉降缝两侧的雨水斗，如连接在同一根立管或悬吊管上时，应采用密封的伸缩接头。

（4）雨水斗安装要求：雨水斗水平高差不大于 5mm；雨水斗排水口与雨水立管连接处，雨水管上端面应留有 6～10mm 的伸缩余量；雨水斗边缘与屋面连接处应严密不渗漏；雨水斗安装后，随着雨水管的明露表面刷面漆。

6. 灌水试验

雨水排水管道安装后应做灌水试验，灌水高度应到每根立管上部雨水斗处，观察 1h，不渗不漏为合格。

小　结

　　本学习情境系统介绍了屋面雨水排水系统的分类与组成;雨水排水管道的布置与敷设;雨水量的计算及雨水排水系统的设计计算方法;雨水排水管道的布置与安装等内容。

学习笔记

复习思考题

1. 屋面雨水排水系统有哪些类型？

2. 外排水系统由哪些部分组成？

3. 压力流屋面雨水排水系统由哪些部分组成？

4. 内排水系统通常使用在哪些建筑上？

5. 如何选择雨水斗？

6. 内排水系统有哪些组成部分？

技能训练:屋面雨水排水系统设计

1. 实训目的:通过设计,使学生能够巩固所学理论知识,掌握屋面雨水排水系统设计的基本技能。

2. 实训准备:计算器、计算书等。

3. 实训内容。

某城市重现期 $P = 3a$ 时,暴雨强度 $q_5 = 319L/(s \cdot 100m^2)$。位于该城市的某办公楼,平顶,屋面水平投影面积为 $1\,080m^2$,设计该办公楼屋面雨水排水系统。

实践任务：雨水回用调研

3人为一组，调研某项目雨水回用的具体应用情况；调研某社区海绵城市建设各类技术的应用和具体布局情况。

<table>
<tr><td>调研报告</td></tr>
<tr><td></td></tr>
</table>

学习情境 7 建筑中水系统

学习目标

1. 了解中水的性质和用途；
2. 了解中水水源和水质标准；
3. 熟悉中水系统的分类及组成；
4. 了解中水处理工艺。

学习内容

1. 中水的性质和用途；
2. 中水水源和水质标准；
3. 中水系统的分类及组成；
4. 中水的处理与使用。

7.1 中水的性质和用途

随着城市建设和工业发展，用水量急剧增加，大量污废水的排放严重污染着环境和水源。我国水资源匮乏，人均水资源占有量低，而且时空分布极不均匀。目前，我国有近一半城市存在不同程度的缺水现象，其中 100 多座情况严重，水资源危机严重影响着我国社会的可持续发展。面对上述情况，立足本地，在城市中有效处理城市污水，进行中水回用是缓解城市水荒的重要途径。中水回用既可减少污水的外排量，减轻排水系统负荷，又可以有效节约淡水资源，减少对水环境的污染，具有明显的社会效益、环境效益和经济效益。

微课：中水系统

7.1.1 中水的概念

中水是指各种排水经过处理后达到规定的水质标准后，可在生活、市政、环境等范围内杂用的非饮用水。

中水系统分为建筑物中水、建筑小区中水和城市中水系统 3 种类型。

建筑物中水系统是以单个建筑物内的杂排水或生活污水或屋顶雨水为水源，经处理后用作建筑物的杂用水;建筑小区中水系统是以住宅小区或数个建筑物形成的建筑群排放的污水或雨水为水源,处理成中水再利用;城市中水系统是以城市污水处理厂的出水为水源,深度处理后供大面积的建筑群作中水使用。

为缓解水资源短缺及综合考虑,以雨水为水源的中水利用日益受到重视,建筑小区和城市中水系统将成为中水回用的重点。

7.1.2 中水的用途

中水的主要用途包括绿化用水、冲厕、街道清扫、车辆冲洗、建筑施工、消防等用水。中水工程特别适用于缺水或严重缺水的地区或城市。

相对于城镇污水大规模处理回用,建筑小区中水工程属于分散、小规模的污水处理回用方式,具有灵活、易于建设、无须长距离输水和运行管理方便等优点,是一种比较有前途的节水方式。

7.1.3 建筑中水设计适用范围

中水回用适用于各类民用建筑和居住小区的新建、改建和扩建工程。《建筑中水设计标准》(GB 50336—2018)总则中指出,各类建筑物和建筑小区建设时,其总体规划应包括污水废水、雨水资源的综合利用和中水设施建设的内容。建筑中水工程应按照国家、地方有关规定配套建设。中水设施必须与主体工程同时设计,同时施工,同时使用。

适合建设中水设施的工程项目,是指具有水量较大、水量集中、就地处理利用的技术经济效益较好的工程。当新建的建筑面积大于 2 000m² 或回收水量大于或等于 100m³/d 的宾馆、饭店、公寓和高级住宅,建筑面积大于 3 000m² 或回收水量大于或等于 100m³/d 的机关、科研单位、大专院校和大型文化体育建筑,以及建筑面积大于 5 000m² 或回收水量大于或等于 150m³/d,综合污水量大于或等于 750m³/d 的居住小区(包括别墅区、公寓区等)和集中建筑区,宜配套建设中水设施。

7.2 中水水源和水质标准

7.2.1 中水水源

中水水源应根据排水的水质、水量、排水状况和中水回用的水质、水量选定。原水水源要求供水可靠;原水水质经适当处理后能达到回用水的水质标准。

1. 建筑物中水水源

建筑物中水水源可取自建筑物的生活排水和其他可利用的水源。

根据水质的污染程度,一般可按下列顺序选取:卫生间、公共浴室的盆浴和淋浴等的排水;盥洗排水;空调循环冷却系统排水;冷凝水;游泳池排污水;厨房用水;厕所排水。

建筑屋面雨水可作为中水水源或其补充。

实际上,中水水源一般不是上述单一水源,多为上述几种原水的组合,一般可以分成下列几种组合。

(1) 盥洗排水和沐浴排水(有时也包括冷却水)组合。该组合成为优质杂排水,为中水水源水质最好者,应优先选用。

(2) 盥洗排水、淋浴排水和厨房排水组合,该组成为杂排水,比(1)组合水质差一些。

(3) 生活污水,即所有生活污水排水之总称。这种水质最差。

在选用中水水源时,应优先选用优质杂排水,其次选用杂排水,最后才考虑用生活污水。

综合医院污水作为中水水源时,必须经过消毒处理,产生的中水仅可用于独立的不与人直接接触的系统;传染医院、结核病医院和放射性废水不得作为中水水源。

2. 建筑小区中水水源

建筑小区中水水源的选择要依据水量平衡和技术经济比较确定,并应优先选择水量充裕稳定、污染物浓度低、水质处理难度小、安全且居民易接受的水源。

小区中水可选择的水源有:小区内建筑物杂排水;小区或城市污水处理厂出水;小区附近的相对洁净的工业排水;小区内的雨水;小区生活污水;可利用的天然水体(河、塘、湖、海水等)。

7.2.2 中水水质标准

1. 满足用途的水质要求

中水用途不同,其要满足的水质标准也不同,中水水质标准如下。

(1) 中水用作建筑杂用水和城市杂用水,如冲厕、道路清扫、消防、城市绿化、车辆冲洗、建筑施工等杂用,其水质应符合《城市污水再生利用 城市杂用水水质》(GB/T 18920—2020)的规定。

(2) 中水用于景观环境用水,其水质应符合《城市污水再生利用 景观环境用水水质》(GB/T 18921—2019)的规定。

(3) 中水用于食用作物、蔬菜浇灌用水时,其水质应符合《农田灌溉水质标准》(GB 5084—2021)的规定。

2. 保证安全的水质要求

为保证中水安全可靠,中水水质必须满足下列要求。

(1) 卫生上应安全可靠,卫生指标如大肠菌群数等必须达标。

(2) 中水还应符合人们的感官要求,即无不快感觉,主要指标有浊度、色度、嗅气、表面活性剂和油脂等。

(3) 中水回用的水质不应引起设备和管道的腐蚀和结垢,主要指标有 pH、硬度、蒸发残渣及溶解性物质等。

7.3　中水系统的分类与组成

7.3.1　中水系统的分类

中水系统按规模分为建筑物中水、建筑小区中水和城市中水系统 3 大基本类型。

建筑中水系统是建筑物中水系统和建筑小区中水系统的总称。

1. 建筑物中水系统

建筑物中水系统是指单栋或几栋建筑物内建立的中水供应系统，根据系统的设置情况分为以下两种形式。

1）具有完善排水设施的建筑物中水系统

建筑物内部排水系统为分流制，生活污水单独排入小区排水管网或化粪池，杂排水或优质杂排水作为中水的水源，收集汇流后，通过设置在建筑物地下室内或邻近建筑物室外的水处理设施的处理，又输送到该建筑物或周围，用以冲洗厕所、刷洗拖布、绿化、洗车、水景补水等。建筑物内部供水，采用生活饮用水给水系统和中水给水系统的双管分质给水系统。

2）排水设施不完善的建筑物中水系统

该系统中水水源取自该建筑物的排水净化池（如沉淀池、化粪池、除油池等），该池内的水为总的生活污水。该系统处理设施根据条件可设于室内或室外。

建筑物中水系统流程简单、投资少、见效快，主要用于大型公共建筑、公寓、宾馆、饭店及办公楼等。建筑物中水系统工艺流程图如图 7-1 所示。

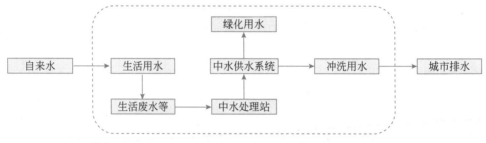

图 7-1　建筑物中水系统工艺流程图

2. 建筑小区中水系统

建筑小区中水系统是指在居住小区、院校和机关大院等建筑区内建立的中水系统。该系统的中水水源取自小区内各建筑物所产生的杂排水或优质杂排水，经过中水处理系统处理后，由小区配水管网分配到各个建筑物内使用。建筑小区中水系统工艺流程图如图 7-2 所示。

建筑小区中水系统可结合城市小区规划，在小区污水厂内部采用部分出水进行深度处理回用，或以若干栋建筑物中排出的优质杂排水为水源。其特点是工程规模较大，用水量大，环境用水量也大，易于形成规模，集中处理费用较低，适用于缺水城市的小区、建筑物分布较集中的新建小区和集中高层建筑群。

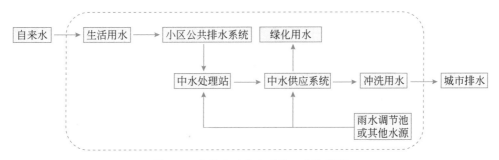

图 7-2 建筑小区中水系统工艺流程图

3. 城市中水系统

城市中水系统是以城市污水处理厂的出水为水源,深度处理后供大面积的建筑群作为中水使用,其处理运行费用较低。

城市中水系统是以城市二级污水处理厂(站)的出水和雨水作为中水的水源,在经过城镇中水处理设施的处理,达到中水水质标准后,作为城市杂用水之用。中水系统的供水,采用双管分质、分流的供水系统,但城市排水和建筑物内的排水系统不要求采用分流制。城市中水系统工艺流程图如图 7-3 所示。

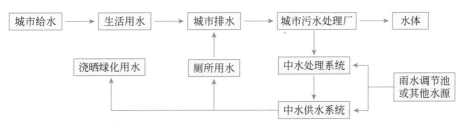

图 7-3 城市中水系统工艺流程图

城市中水系统工程规模较大,投资大,处理水量大,处理工艺较为复杂,适用于严重缺水的城市。

中水系统类型的选择,应根据工程的实际情况、水源和中水用量的平衡和稳定、系统的技术经济合理性等因素综合考虑确定。

7.3.2 建筑中水系统的组成

建筑中水系统由原水系统、中水原水处理系统和供水系统 3 部分组成。

1. 原水系统

中水原水是指被选作中水水源而未经处理的水,雨水可以作为中水原水的水源。

中水原水系统是指收集、输送中水原水到中水处理系统的管道系统和一些附属构筑物。其包括室内污、废水管网,室外中水原水集流管网及相应分流、溢流设施等。

原水管道系统宜按重力流设计,不能靠重力流接入的排水可采取局部提升措施。

厨房等含油排水经隔油处理后,方可进入原水收集系统。

采用雨水作为中水水源或水源补充时,应有可行的调储容量和溢流设施。

2. 中水原水处理系统

中水原水处理系统是处理原水的各种构筑物和设备的总称,包括原水处理系统设施、管网及相应的计量检测设施。

中水原水处理系统可分为预处理设施、主要处理设施和后处理设施 3 类。

预处理设施用来截留大的漂浮物、悬浮物和杂物,包括化粪池、格栅、毛发聚集器和调节池。

主要处理设施用来去除水中的有机物、无机物等,包括沉淀池、生物接触氧化池、曝气生物滤池等设施。

中水水质要求高于杂用水时,应根据需要添加后处理设施,以增加处理深度,如滤池、消毒处理等设施。

3. 供水系统

中水供水系统包括中水供水管网及相应的增压、储水设备及计量装置,如中水储水池、水泵、高位水箱等。

7.4　中水的处理与使用

7.4.1　中水处理工艺流程

中水处理流程应根据中水原水的水质、水量及中水回用对水质的要求进行选择。进行方案比较时还应考虑场地状况、环境要求、投资条件、缺水背景、管理水平等因素,经过综合经济比较确定。

几种典型的中水处理工艺流程如图 7-4 所示。

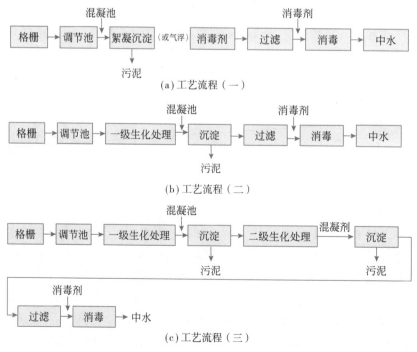

图 7-4　中水处理工艺流程

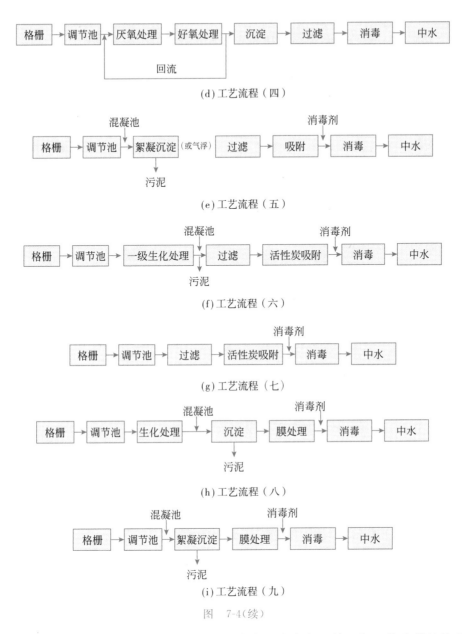

图 7-4(续)

上述工艺流程选择,主要根据原水水质及中水用途决定。并且每一种流程的处理步骤并非一成不变,可以根据使用要求进行取舍。

工艺流程(一)仅适用于优质杂排水;工艺流程(二)适于优质杂排水和杂排水;工艺流程(三)、工艺流程(四)适用于生活污水。以上4种工艺流程为基本流程,适用范围较广,国内应用较多。工艺流程(五)、工艺流程(六)主要增加了活性炭吸附,其作用是去除难于降解的有机物(如蛋白质、单宁、杀虫剂、洗涤剂等)、色素和某些有毒的微量金属元素(如汞、铬、银等)以及回用水质要求较高的场合。工艺流程(八)、工艺流程(九)增加了膜处理法,该流程的处理结果是进一步提高中水水质,不仅 SS 的去除率很高,而且排水中的细菌和病毒均得到很好分离。但设备投资和处理成本均较高。

上述流程中格栅和调节池均为预处理;沉淀、气浮、生化处理、膜处理等为主要处理工艺;而过滤、消毒为后处理。其中预处理和后处理在各种流程中基本相同,一般均需要设置,而主要处理工艺则需根据不同要求进行选择。

7.4.2　中水的使用

中水回用是解决城市缺水的有效途径,是污水资源化的重要方面。随着中水处理的不断发展,中水回用被大力推广,产生了一定的环境和经济效益,但在安全使用方面仍需引起重视。

为保证建筑中水系统的安全稳定运行和中水的正常使用,除了确保中水回用水质符合卫生学方面的要求外,在中水系统敷设和使用过程中还应采取如下必要的安全防护措施。

(1) 中水管道严禁与生活饮用水给水管道以任何方式直接连接。

(2) 除卫生间外,中水管道不宜暗装于墙体内。

(3) 中水池(箱)内的自来水补水管应采取自来水防污染措施,补水管出水口应高于中水储存池(箱)内溢流水位,其间距不得小于 2.5 倍管径。严禁采用淹没式浮球阀补水。

(4) 中水管道与生活饮用水给水管道、排水管道平行埋设时,其水平净距不得小于 0.5m;交叉埋设时,中水管道应位于生活饮用水给水管道下面,排水管道的上面,其净距不得小于 0.15m。

(5) 中水储存池(箱)设置的溢流管、泄水管,均应采用间接排水方式排出。溢流管应设隔网。

(6) 中水管道应采取下列防止误接、误用、误饮的措施:

① 中水管道外壁应按有关标准的规定涂色和标志;

② 中水池(箱)、阀门、水表及给水栓、取水口均应有明显的"中水"标志;

③ 公共场所及绿化的中水取水口应设带锁装置;

④ 工程验收时应逐段进行检查,防止误接。

(7) 中水处理站的处理系统和供水系统宜采用自动控制,并应同时设置手动控制。

(8) 中水处理系统应对使用对象要求的主要水质指标定期检测,对常用控制指标(水量、主要水位、pH、浊度、余氯等)实施现场监测,有条件的可实施在线监测。

(9) 中水系统的自来水补水宜在中水池或供水箱处,采取最低报警水位控制的自动补给。

(10) 中水处理站应对自耗用水、用电进行单独计量。

小　结

本学习情境系统介绍了中水的性质和用途;中水的水源和水质标准;中水系统的分类及组成;中水的处理工艺等内容。

复习思考题

1. 建筑中水系统的定义及用途是什么？

2. 建筑物中水系统的水源及选取顺序是什么？

3. 建筑中水系统的组成是什么？

4. 建筑中水安全使用注意事项是什么？

实践任务：中水系统调研

3 人为一组，调研某项目中水系统的原水、水处理和使用情况。

<table>
<tr><td align="center">调 研 报 告</td></tr>
<tr><td>

</td></tr>
</table>

学习情境 8 建筑给水排水施工图

学习目标

1. 了解建筑给水排水施工图的图例和制图标准;
2. 掌握建筑给水排水工程施工图的种类、组成和内容;
3. 掌握建筑给水排水工程施工图的识读方法和识图的基本技能。

学习内容

1. 建筑给水排水施工图的要求;
2. 建筑给水排水施工图的组成;
3. 建筑室内给水排水施工图识读。

8.1　建筑给水排水施工图的要求

施工图是工程师的语言,是编制施工图预算,是进行施工管理、工程监理及竣工验收的重要的依据。给水排水施工图由平面图、系统图、工艺流程图、设计说明和详图等构成。

建筑给水排水施工图应符合《建筑给水排水制图标准》(GB/T 50106—2010)的相关规定。

8.1.1　建筑给水排水施工图的一般规定

1. 比例

建筑给水排水施工图常用的比例,宜符合表 8-1 的规定。

表 8-1　建筑给水排水施工图常用比例

名　称	比　例	备　注
总平面图	1∶1000、1∶500、1∶300	宜与建筑总平面图一致
建筑给水排水平面图	1∶200、1∶150、1∶100	宜与建筑专业一致
建筑给水排水轴测图	1∶150、1∶100、1∶50	宜与相应图纸一致
详图	1∶50、1∶30、1∶20、1∶10、1∶5、1∶2、1∶1、2∶1	
水处理构筑物、设备间、卫生间、泵房平、剖面图	1∶100、1∶50、1∶40、1∶30	

2. 标高

(1) 标高应以"m"为单位,一般注写到小数点后第三位。

(2) 室内工程应标注相对标高;室外工程宜标注绝对标高,当无绝对标高资料时,可标注相对标高,但应与各专业标高一致。

(3) 压力管道应标注管中心标高,沟渠和重力流管道宜标注沟(管)内底标高,也可标注管中心线标高,但要加以说明。

(4) 沟渠和重力流管道的起讫点、转角点、连接点、变坡点、变尺寸(管径)点及交叉点应标注标高;压力管道中的标高控制点、不同水位线处、管道穿外墙和构筑物的壁及底板等处应标注标高。管道标高在平面图和轴测图中的标注如图 8-1 所示,剖面图中管道及水位标高的标注如图 8-2 所示。

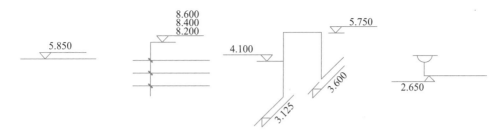

图 8-1　平面图和轴测图中管道标高标注法

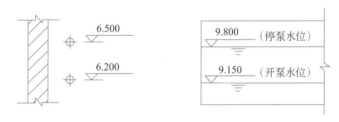

图 8-2　剖面图中管道及水位标高标注法

3. 管径

管径应以"mm"为单位;水煤气输送钢管(镀锌或非镀锌)、铸铁管等管材,管径宜以公称直径 DN 表示(如 DN25);无缝钢管、焊接钢管(直缝或螺旋缝)、铜管、不锈钢管等管材,管径以外径 $D×$壁厚表示(如 $D159×4$);塑料管材,管径宜按产品标准的方法表示。

管径的标注方法如图 8-3 所示。

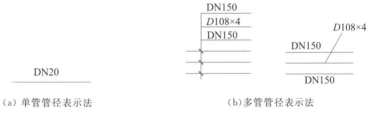

(a) 单管管径表示法　　　　　　　(b) 多管管径表示法

图 8-3　管径的标注方法

4. 系统及立管编号

管道应按系统加以标记和编号,给水系统一般以每一条引入管为一个系统,排水管以每一条排出管为一个系统,当建筑物的给水引入管或排水排出管的数量超过 1 根时,宜进行分类编号。编号方法是在直径 12mm 的圆圈内过圆心画一水平线,水平线上用汉语拼音字母表示管道类别,下用阿拉伯数字编号,如图 8-4 所示。

图 8-4 给水引入(排水排出)管编号表示方法

建筑物内穿越楼层的立管,其数量超过 1 根时宜进行分类编号。平面图上立管一般用小圆圈表示,如 1 号污水立管标记为 WL-1,如图 8-5 所示。

(a) 平面图   (b) 剖面图、系统原理图、轴侧图等

图 8-5 立管编号表示法

在总平面图中,当给水排水附属构筑物的数量超过 1 个时,宜进行编号;当给水排水机电设备的数量超过 1 台时,宜进行编号。

8.1.2 建筑给水排水施工图常用图例

建筑给水排水施工图常用图例如表 8-2 所示。

表 8-2 建筑给水排水施工图常用图例

序号	名 称	图 例	备 注
一、管道图例			
1	生活给水管	————— J —————	—
2	热水给水管	————— RJ —————	—
3	热水回水管	————— RH —————	—
4	中水给水管	————— ZJ —————	—
5	循环冷却给水管	————— XJ —————	—
6	循环冷却回水管	————— XH —————	—

续表

序号	名　称	图　例	备　注
7	热媒给水管	▇▇▇ RM ▇▇▇	—
8	热媒回水管	▇▇▇ RMH ▇▇▇	—
9	蒸汽管	▇▇▇ Z ▇▇▇	—
10	凝结水管	▇▇▇ N ▇▇▇	—
11	废水管	▇▇▇ F ▇▇▇	可与中水原水管合用
12	压力废水管	▇▇▇ YF ▇▇▇	—
13	通气管	▇▇▇ T ▇▇▇	—
14	污水管	▇▇▇ W ▇▇▇	—
15	压力污水管	▇▇▇ YW ▇▇▇	—
16	雨水管	▇▇▇ Y ▇▇▇	—
17	压力雨水管	▇▇▇ YY ▇▇▇	—
18	虹吸雨水管	▇▇▇ HY ▇▇▇	—
19	膨胀管	▇▇▇ PZ ▇▇▇	—
20	保温管	～～～～	也可用文字说明保温范围
21	伴热管	▇▇ — — ▇▇	也可用文字说明保温范围
22	多孔管	▇▇ ⋔ ▇▇ ⋔ ▇▇	—
23	地沟管	▇▇▇▇▇	—
24	防护套管	▇▇ [▭] ▇▇	—
25	管道立管	XL-1　　平面　　　XL-1　系统	X 为管道类别 L 为立管 1 为编号
26	空调凝结水管	▇▇▇ KN ▇▇▇	—
27	排水明沟	坡向　　⟶	—
	排水暗沟	坡向　　⟶	—

二、管道附件

1	管道伸缩器	▇▇ ⊏⊐ ▇▇	—
2	方形伸缩器	⊢ ⊓ ⊣	—

续表

序号	名　称	图　例	备　注
3	刚性防水套管		—
4	柔性防水套管		—
5	波纹管		—
6	可曲挠橡胶接头	单球　　双球	—
7	管道固定支架		—
8	立管检查口		—
9	清扫口	平面　　系统	—
10	通气帽	成品　　蘑菇形	—
11	雨水斗	YD－ 平面　　YD－ 系统	—
12	排水漏斗	平面　　系统	—
13	圆形地漏	平面　　系统	通用。如为无水封,地漏应加存水弯
14	方形地漏	平面　　系统	—
15	自动冲洗水箱		—
16	挡墩		—

续表

序号	名　称	图　例	备　注
17	减压孔板		—
18	Y形除污器		—
19	毛发聚集器	平面　　　　系统	—
20	倒流防止器		—
21	吸气阀		—
22	真空破坏器		—
23	防虫网罩		—
24	金属软管		—

三、管道连接

序号	名　称	图　例	备　注
1	法兰连接		—
2	承插连接		—
3	活接头		—
4	管堵		—
5	法兰堵盖		—
6	盲板		—

序号	名　称	图　例	备　注
7	弯折管	高　低　　低　高	—
8	管道丁字上接	高　低	—
9	管道丁字下接	高　低	—
10	管道交叉	低　高	在下面和后面的管道应断开

四、管件

序号	名　称	图　例	备　注
1	偏心异径管		—
2	异径管		—
3	乙字管		—
4	喇叭口		—
5	转动接头		—
6	S形存水弯		—
7	P形存水弯		—
8	90°弯头		—
9	正三通		—
10	TY三通		—
11	斜三通		—
12	正四通		—

续表

序号	名　称	图　例	备　注
13	斜四通		—
14	浴盆排水件		—

五、阀门

1	闸阀		—
2	角阀	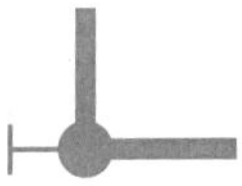	—
3	三通阀		—
4	四通阀	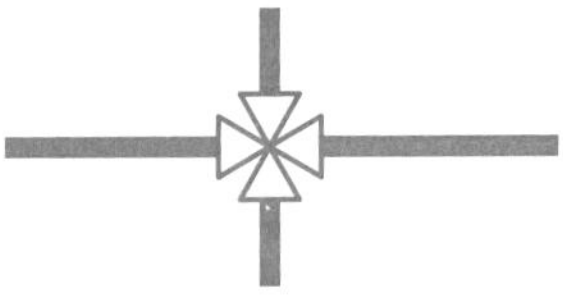	—
5	截止阀		—
6	蝶阀	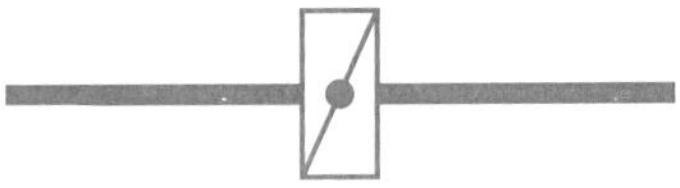	—
7	电动闸阀		—
8	液动闸阀	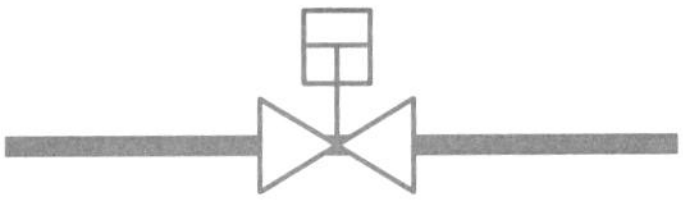	—
9	气动闸阀		—
10	电动蝶阀	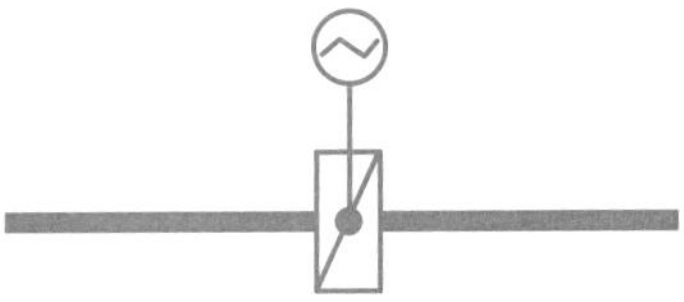	—

续表

序号	名　　称	图　　例	备　　注
11	液动蝶阀		—
12	气动蝶阀		—
13	减压阀		左侧为高压端
14	旋塞阀	平面　　　系统	—
15	底阀	平面　　　系统	—
16	球阀		—
17	隔膜阀		—
18	气开隔膜阀		—
19	气闭隔膜阀		—
20	电动隔膜阀		—
21	温度调节阀		—
22	压力调节阀		—
23	电磁阀		—
24	止回阀		—
25	消声止回阀		—

续表

序号	名　称	图　例	备　注
26	持压阀	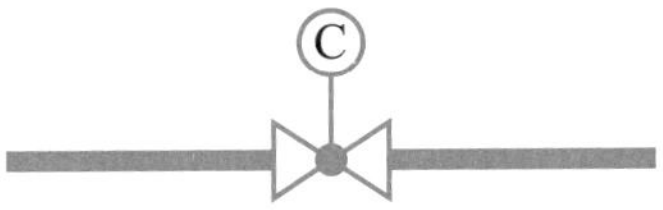	—
27	泄压阀	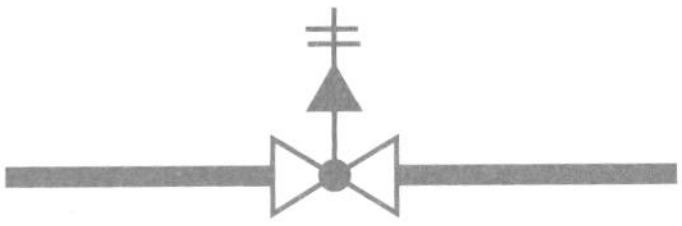	—
28	弹簧安全阀		左侧为通用
29	平衡锤安全阀		—
30	自动排气阀	 平面　　　系统	—
31	浮球阀	 平面　　　系统	—
32	水力液位控制阀	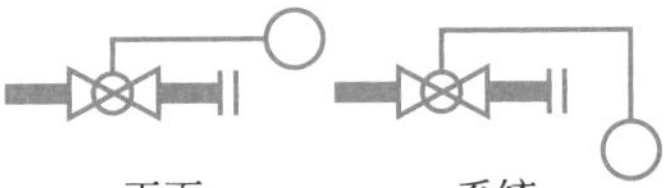 平面　　　系统	—
33	延时自闭冲洗阀		—
34	感应式冲洗阀		—
35	吸水喇叭口	 平面　　　系统	—
36	疏水器		—

六、给水配件

| 1 | 水嘴 | 平面　　　系统 | — |

续表

序号	名 称	图 例	备 注
2	皮带水嘴	平面　　　系统	—
3	洒水栓水嘴		—
4	化验水嘴		—
5	肘式水嘴		—
6	混合水嘴		—
7	旋转水嘴		—
8	浴盆带喷头混合水嘴		—
9	蹲便器脚踏开关		—

七、消防设施

序号	名 称	图 例	备 注
1	消火栓给水管	XH	—
2	自动喷水灭火给水管	ZP	—
3	雨淋灭火给水管	YL	—
4	水幕灭火给水管	SM	—
5	水炮灭火给水管	SP	—
6	室外消火栓		—
7	室内消火栓（单口）	平面　　　系统	白色为开启面
8	室内消火栓（双口）	平面　　　系统	—

续表

序号	名 称	图 例		备 注
9	水泵接合器			—
10	自动喷洒头 （开式）	平面	系统	—
11	自动喷洒头 （闭式）	平面	系统	下喷
12	自动喷洒头 （闭式）	平面	系统	上喷
13	自动喷洒头 （闭式）	平面	系统	上下喷
14	侧墙式自动喷洒头	平面	系统	—
15	水喷雾喷头	平面	系统	—
16	直立型水幕喷头	平面	系统	—
17	下垂型水幕喷头	平面	系统	—
18	干式报警阀	平面	系统	—

续表

序号	名　　称	图　例	备　注
19	湿式报警阀	平面　　　系统	—
20	预作用报警阀	平面　　　系统	—
21	雨淋阀	平面　　　系统	—
22	信号闸阀		—
23	信号蝶阀		—
24	消防炮	平面　　　系统	—
25	水流指示器		—
26	水力警铃		—
27	末端试水装置	平面　　　系统	—

续表

序号	名　　称	图　　例	备　　注
28	手提式灭火器		—
29	推车式灭火器		—
八、卫生设备及水池			
1	立式洗脸盆		—
2	台式洗脸盆		—
3	挂式洗脸盆		—
4	浴盆		—
5	化验盆、洗涤盆		—
6	厨房洗涤盆		不锈钢制品
7	带沥水板洗涤盆		—
8	盥洗槽		—
9	污水池		—
10	妇女卫生盆		—
11	立式小便器		—
12	壁挂式小便器		—

续表

序号	名　　称	图　　例	备　　注
13	蹲式大便器		—
14	坐式大便器		—
15	小便槽		—
16	淋浴喷头		—
九、小型给水排水构筑物			
1	矩形化粪池	HC	HC 为化粪池代号
2	隔油池	YC	YC 为隔油池代号
3	沉淀池	CC	CC 为沉淀池代号
4	降温池	JC	JC 为降温池代号
5	中和池	ZC	ZC 为中和池代号
6	雨水口（单算）		—
7	雨水口（双算）		—
8	阀门井及检查井	J-×× J-×× W-×× W-×× Y-×× Y-××	以代号区别管道
9	水封井		—
10	跌水井		—
11	水表井		—
十、给水排水设备			
1	卧式水泵	平面　或　系统	—
2	立式水泵	平面　系统	—

续表

序号	名 称	图 例	备 注
3	潜水泵		—
4	定量泵		—
5	管道泵		—
6	卧式容积热交换器		—
7	立式容积热交换器		—
8	快速管式热交换器		—
9	板式热交换器		—
10	开水器		—
11	喷射器		小三角为进水端
12	除垢器		—
13	水锤消除器		—
14	搅拌器		—
15	紫外线消毒器	ZWX	—

十一、仪表

序号	名 称	图 例	备 注
1	温度计		—
2	压力表		—

序号	名　　称	图　　例	备　　注
3	自动记录压力表		—
4	压力控制器		—
5	水表		—
6	自动记录流量表		—
7	转子流量计	平面　　　系统	—
8	真空表		—
9	温度传感器	――――┤ T ├――――	—
10	压力传感器	――――┤ P ├――――	—
11	pH 传感器	――――┤ pH ├――――	—
12	酸传感器	――――┤ H ├――――	—
13	碱传感器	――――┤ Na ├――――	—
14	余氯传感器	――――┤ Cl ├――――	—

8.2　建筑给水排水施工图的组成

建筑给水排水施工图主要包括说明性文件和图纸内容。

8.2.1　说明性文件

说明性文件通常包括设计说明、图纸目录、设备材料表、图例等。

1. 设计说明

设计说明是施工图的重要组成部分,用必要的文字来说明工程的概况及设计者的意图。设计说明主要包括建筑概况、设计依据、施工原则和要求、安装标准和方法等,具体有系统管材、管件种类、连接方法;给水设备和消防设备的类型及安装方式;管道的防腐、绝热方法;系统的试压要求、供水方式的选用;遵照的设计、施工验收规范及标准图集等内容。

2. 图纸目录

图纸目录是将全部施工图纸进行分类编号,并填入图纸目录表格中,以便查阅、管理工程技术档案。

3. 设备材料表

设备材料表是将施工过程中用到的主要材料和设备列成明细表,标明其名称、规格、数量等,以供施工备料时参考。

8.2.2　图纸内容

建筑给水排水工程图纸主要有平面图、系统图、详图等。

1. 给水排水平面图

平面图一般包括地下室或底层、标准层、顶层及水箱间给水排水平面图等。平面图阐述的主要内容有给排水设备、卫生器具的类型和平面位置,管道附件的平面位置,给水排水系统的出入口位置和编号,地沟位置及尺寸,干管和支管的走向、坡度和位置,立管的编号及位置等。

2. 给水排水系统图

系统图是三维空间的立体图,用来表达管道及设备的空间位置关系。其主要内容有供水、排水系统的横管、立管、支管、干管的编号、走向、坡度、管径,管道附件的标高和空间相对位置等。系统图宜按 45°正面斜轴测投影法绘制;管道的编号、布置方向与平面图一致。

3. 详图

建筑给水排水工程详图一般是为了详细表达某一部分的给水排水情况,由设计人员按放大比例绘制,平面详图一般称为大样图。例如,厨房、卫生间给水排水大样图,用于表示用水设备、器具和管道节点的详细构造、尺寸及安装要求等,大样图中编号应与其他图纸相对应。

给水排水支管图是用于指导厨房、卫生间给水排水管道施工用的详图,能准确反映给排水支管在建筑空间的具体走向,以及给排水支管和用水设备的连接方式、连接管道的垂直高度。卫生间大样图与给排水支管图一般放在一起,共同识读。

标准图集是施工详图的一部分,具有权威性,必须遵照执行。

4. 给水排水剖面图

给水排水工程中管道井、水箱间及泵房等部位有必要绘制剖面图,用于表示设备、设备基础、管道、管沟的标高和尺寸等。剖面图可分部位、系统分别按比例绘制。

5. 给水排水工艺流程图

工艺流程图主要内容包括设备和管道的相对位置关系;设备、管道的规格、编号及介质流向;管道、阀门和设备的连接方式等。

流程图和系统图都可以反映管道系统和设备的全貌及连接方式,但二者是有本质区别的,系统图是根据平面图上管道和设备的平面位置按比例用轴测投影原理绘制的。而工艺流程图是没有比例的,由于水箱间、泵房内管线、设备多且复杂,为保证管道和设备的正确连接、防止造成运行事故,避免安装上的错误和疏漏,在识读工艺流程图时,必须仔细搞清管道与设备、管道与管道之间的相互关系。

8.3 建筑给水排水施工图的识读

8.3.1 建筑给水排水施工图的识读方法

1. 浏览标题栏和图纸目录

了解工程名称、项目内容、图纸数量和内容。

2. 仔细阅读说明

(1)了解工程总体概况、设计依据和选用的标准图集,熟悉图例符号。

(2)了解供水方式、排水方式、给水排水管道选用的材质、管道的敷设方式、管道防腐要求等内容。

3. 看系统图

了解给水排水工程的规模、形式、基本组成,干管和支管的关系,主要给水排水管道的敷设方法等。把握工程总体脉络。

4. 看平面图

了解用水设备安装位置、管道敷设路径、敷设方法以及所用管道及附件的型号、规格、数量、管道的管径等。

平面图与系统图结合,熟悉给排水管道在每层的具体敷设位置,了解支干管的具体走向。

5. 看详图

了解支管与哪些用水设备相连,其连接方式及敷设路径布置,以及支管及其附件的型号、规格、数量、管径大小,用水设备的名称、型号、数量、规格等。

6. 查阅图集

查阅国标(GB)和地方标准(DB),查阅规范、图集等。

8.3.2 识读图纸实例

识读附录 2 某教学楼给水排水施工图。

1. 看图纸目录

本项目共 10 张图,分别为说明、1~5 层给排水平面图、机房层给排水平面图、卫生间大样图及给排水支管图、给排水系统图、消火栓系统图。

2. 看设计说明

(1)设计依据、工程概况。依据哪些资料和规范进行设计;建筑的性质、层数等;5 层教学楼的面积数据等。

(2)设计内容。包含生活给水、污废水、雨水、中水、消火栓给水、灭火器配置等。

各系统的具体要求,给水方式、排水方式、消防给水方式、灭火器配置要求等。

（3）设计及施工要求。管道材料及敷设安装要求、管道防腐及油漆、各类管道竣工验收要求。

（4）其他说明。

（5）图例及主要设备材料表。

3. 详细阅读图纸

分清图中的各个系统，从前到后将平面图和系统图反复对照来看，以便相互补充和理解，建立全面、系统的空间形象。

给水系统可按水流方向从引入管、干管、立管、支管到卫生器具的顺序来识读；排水系统可按水流方向从卫生器具排水管、排水横管、排水立管到排出管的顺序识读。

平面图重点关注：管道平面走向、立管位置和管道编号、设备位置。

系统图重点关注：管道编号、走向、坡度、管径、管道附件的标高和空间相对位置等，尤其是高度方向的变化。

小　结

本学习情境系统介绍了给水排水施工图的图例和制图标准；建筑给水排水工程施工图的种类、组成和内容；建筑给水排水工程施工图的识读方法。

学习笔记

复习思考题

1. 标准图集在识图中的作用是什么？

2. 给水排水施工图由哪几部分组成？

3. 如何识读给水排水施工图？

4. 给排水平面图的主要内容有哪些？

5. 给排水系统图的主要内容有哪些？

实践任务:施工图识读训练

3人为一组,识读不同建筑类别、不同难易程度的建筑给水排水施工图纸。总结各类施工图的识读方法;写出实训总结报告。

<table>
<tr><td align="center">实训总结报告</td></tr>
<tr><td>

</td></tr>
</table>

参考文献

[1] 谢兵. 建筑给水排水工程[M]. 北京:中国建筑工业出版社,2016.

[2] 张宝军,陈思荣. 建筑给水排水工程[M]. 2版. 武汉:武汉理工大学出版社,2015.

[3] 汤万龙. 建筑给水排水系统安装[M]. 2版. 北京:机械工业出版社,2020.

[4] 边喜龙. 给水排水工程施工技术[M]. 北京:中国建筑工业出版社,2015.

[5] 中华人民共和国住房和城乡建设部. 建筑给水排水设计标准:GB 50015—2019 [S]. 北京:中国计划出版社,2020.

[6] 中华人民共和国住房和城乡建设部. 建筑给水排水制图标准:GB/T 50106—2010[S]. 北京:中国建筑工业出版社,2011.

[7] 中华人民共和国住房和城乡建设部. 建筑给水排水及采暖工程施工质量验收规范:GB 50242—2002[S]. 北京:中国标准出版社,2004.

[8] 中华人民共和国住房和城乡建设部. 建筑设计防火规范:GB 50016—2014[S]. 2018年版.北京:中国计划出版社,2015.

[9] 中华人民共和国住房和城乡建设部. 消防设施通用规范:GB 55036—2022[S]. 北京:中国计划出版社,2022.

[10] 中国建筑设计研究院有限公司. 建筑给水排水设计手册[M]. 3版. 北京:中国建筑工业出版社,2019.

附录 1 水力计算表

附表 1 钢管水力计算表

流量 q_g(L/s)、管径 DN(mm)、流速 v(m/s)、单位长度水头损失 i(kPa/m)

q_g	DN15		DN20		DN25		DN32		DN40		DN50		DN70		DN80		DN100	
	v	i	v	i	v	i	v	i	v	i	v	i	v	i	v	i	v	i
0.05	0.29	0.284																
0.07	0.41	0.518	0.22	0.111														
0.10	0.58	0.985	0.31	0.208														
0.12	0.70	1.37	0.37	0.288	0.23	0.086												
0.14	0.82	1.82	0.43	0.380	0.26	0.113												
0.16	0.94	2.34	0.50	0.485	0.30	0.143												
0.18	1.05	2.91	0.56	0.601	0.34	0.176												
0.20	1.17	3.54	0.62	0.727	0.38	0.213	0.21	0.052										
0.25	1.46	5.51	0.78	1.09	0.47	0.318	0.26	0.077	0.20	0.039								
0.30	1.76	7.93	0.93	1.53	0.56	0.442	0.32	0.107	0.24	0.054								
0.35			1.09	2.04	0.60	0.586	0.37	0.141	0.28	0.080								
0.40			1.24	2.63	0.75	0.748	0.42	0.179	0.32	0.089								
0.45			1.40	3.33	0.85	0.932	0.47	0.221	0.36	0.111	0.21	0.031 2						

续表

q_g	DN15 v	DN15 i	DN20 v	DN20 i	DN25 v	DN25 i	DN32 v	DN32 i	DN40 v	DN40 i	DN50 v	DN50 i	DN70 v	DN70 i	DN80 v	DN80 i	DN100 v	DN100 i
0.50			1.55	4.11	0.94	1.13	0.53	0.267	0.40	0.134	0.23	0.037 4						
0.55			1.71	4.97	1.04	1.35	0.58	0.318	0.44	0.159	0.26	0.044 0						
0.60			1.86	5.91	1.13	1.59	0.63	0.373	0.48	0.184	0.28	0.051 6						
0.65			2.02	6.94	1.22	1.85	0.68	0.431	0.52	0.215	0.31	0.059 7						
0.70					1.32	2.14	0.74	0.495	0.56	0.246	0.33	0.068 3	0.20	0.020				
0.75					1.41	2.46	0.79	0.562	0.60	0.283	0.35	0.077 0	0.21	0.023				
0.80					1.51	2.79	0.84	0.632	0.64	0.314	0.38	0.085 2	0.23	0.025				
0.85					1.60	3.16	0.90	0.707	0.68	0.351	0.40	0.096 3	0.24	0.028				
0.90					1.69	3.54	0.95	0.787	0.72	0.390	0.42	0.107	0.25	0.031 1				
0.95					1.79	3.94	1.00	0.869	0.76	0.431	0.45	0.118	0.27	0.034 2				
1.00					1.88	4.37	1.05	0.957	0.80	0.473	0.47	0.129	0.28	0.037 6	0.20	0.016 4		
1.10					2.07	5.28	1.16	1.14	0.87	0.564	0.52	0.153	0.31	0.044 4	0.22	0.019 5		
1.20							1.27	1.35	0.95	0.663	0.56	0.180	0.34	0.051 8	0.24	0.022 7		
1.30							1.37	1.59	1.03	0.769	0.61	0.208	0.37	0.059 9	0.26	0.026 1		
1.40							1.48	1.84	1.11	0.884	0.66	0.237	0.40	0.068 3	0.28	0.029 7		
1.50							1.58	2.11	1.19	1.00	0.71	0.270	0.42	0.077 2	0.30	0.033 6		
1.60							1.69	2.40	1.27	1.14	0.75	0.304	0.45	0.087 0	0.32	0.037 6		
1.70							1.79	2.71	1.35	1.29	0.80	0.340	0.48	0.096 9	0.34	0.041 9		
1.80							1.90	3.04	1.43	1.44	0.85	0.378	0.51	0.107	0.36	0.046 6		

续表

q_g	DN15		DN20		DN25		DN32		DN40		DN50		DN70		DN80		DN100	
	v	i	v	i	v	i	v	i	v	i	v	i	v	i	v	i	v	i
1.90							2.00	3.39	1.51	1.61	0.89	0.418	0.54	0.119	0.38	0.0513	0.23	
2.00									1.59	1.78	0.94	0.460	0.57	0.130	0.40	0.0562	0.23	0.0147
2.20									1.75	2.16	1.04	0.549	0.62	0.155	0.44	0.0666	0.25	0.0172
2.40									1.91	2.56	1.13	0.645	0.68	0.182	0.48	0.0779	0.28	0.0200
2.60									2.07	3.01	1.22	0.749	0.74	0.210	0.52	0.0903	0.30	0.0231
2.80											1.32	0.869	0.79	0.241	0.56	0.103	0.32	0.0263
3.00											1.41	0.998	0.85	0.274	0.60	0.117	0.35	0.0298
3.50											1.65	1.36	0.99	0.365	0.70	0.155	0.40	0.0393
4.00											1.88	1.77	1.13	0.468	0.81	0.198	0.46	0.0501
4.50											2.12	2.24	1.28	0.586	0.91	2.460	0.52	0.0620
5.00											2.35	2.77	1.42	0.723	1.01	0.300	0.58	0.0749
5.50											2.59	3.35	1.56	0.875	1.11	0.358	0.63	0.0892
6.00													1.70	1.04	1.21	0.423	0.69	0.105
6.50													1.84	1.22	1.31	0.494	0.75	0.121
7.00													1.99	1.42	1.41	0.573	0.81	0.139
7.50													2.13	1.63	1.51	0.657	0.87	0.158
8.00													2.27	1.85	1.61	0.748	0.92	0.178
8.50													2.41	2.09	1.71	0.844	0.98	0.199
9.00													2.55	2.34	1.81	0.946	1.04	0.221

续表

q_{g}	DN15		DN20		DN25		DN32		DN40		DN50		DN70		DN80		DN100	
	v	i	v	i	v	i	v	i	v	i	v	i	v	i	v	i	v	i
9.50															1.91	1.05	1.10	0.245
10.00															2.01	1.17	1.15	0.269
10.50															2.11	1.29	1.21	0.295
11.00															2.21	1.41	1.27	0.324
11.50															2.32	1.55	1.33	0.354
12.00															2.42	1.68	1.39	0.385
12.50															2.52	1.83	1.44	0.418
13.00																	1.50	0.452
14.00																	1.62	0.524
15.00																	1.73	0.602
16.00																	1.85	0.685
17.00																	1.96	0.773
20.00																	2.31	1.07

附表2 给水铸铁管水力计算表

流量 q_g(L/s)、管径 DN(mm)、流速 v(m/s)、单位长度水头损失 i(kPa/m)

q_g	DN50		DN75		DN100		DN150	
	v	i	v	i	v	i	v	i
1.0	0.53	0.173	0.23	0.023 1				
1.2	0.64	0.241	0.28	0.032 0				
1.4	0.74	0.320	0.33	0.042 2				
1.6	0.85	0.409	0.37	0.053 4				
1.8	0.95	0.508	0.42	0.065 9				
2.0	1.06	0.619	0.46	0.079 8				
2.5	1.33	0.949	0.58	0.119	0.32	0.028 8		
3.0	1.59	1.37	0.70	0.167	0.39	0.039 8		
3.5	1.86	1.86	0.81	0.222	0.45	0.052 6		
4.0	2.12	2.43	0.93	0.284	0.52	0.066 9		
4.5			1.05	0.353	0.58	0.082 9		
5.0			1.16	0.430	0.65	0.100		
5.5			1.28	0.517	0.72	1.120		
6.0			1.39	0.615	0.78	0.140		
7.0			1.63	0.837	0.91	0.186	0.40	0.024 6
8.0			1.86	1.09	1.04	0.239	0.46	0.031 4
9.0			2.09	1.38	1.17	0.299	0.52	0.039 1
10.0					1.30	0.365	0.57	0.046 9
11.0					1.43	0.442	0.63	0.055 9
12.0					1.56	0.526	0.69	0.065 5
13.0					1.69	0.617	0.75	0.076 0
14.0					1.82	0.716	0.80	0.087 1
15.0					1.95	0.882	0.86	0.098 8
16.0					2.08	0.935	0.92	0.111
17.0							0.97	0.125
18.0							1.03	0.139
19.0							1.09	0.153
20.0							1.15	0.169
22.0							1.26	0.202
24.0							1.38	0.241
26.0							1.49	0.283
28.0							1.61	0.328
30.0							1.72	0.377

附表 3　给水塑料管水力计算表

流量 q_g(L/s)、管径 DN(mm)、流速 v(m/s)、单位长度水头损失 i(kPa/m)

q_g	DN15		DN20		DN25		DN32		DN40		DN50		DN70		DN80		DN100	
	v	i	v	i	v	i	v	i	v	i	v	i	v	i	v	i	v	i
0.10	0.50	0.275	0.26	0.060														
0.15	0.75	0.564	0.39	0.123	0.23	0.033												
0.20	0.99	0.940	0.53	0.206	0.30	0.055	0.20	0.020										
0.30	1.49	1.93	0.79	0.422	0.45	0.113	0.29	0.040										
0.40	1.99	3.21	1.05	0.703	0.61	0.188	0.39	0.067	0.24	0.021								
0.50	2.49	4.77	1.32	1.04	0.76	0.279	0.49	0.099	0.30	0.031								
0.60	2.98	6.60	1.58	1.44	0.91	0.386	0.59	0.137	0.36	0.043	0.23	0.014						
0.70			1.84	1.90	1.06	0.507	0.69	0.181	0.42	0.056	0.27	0.019						
0.80			2.10	2.40	1.21	0.643	0.79	0.229	0.48	0.071	0.30	0.023						
0.90			2.37	2.96	1.36	0.792	0.88	0.282	0.54	0.088	0.34	0.029	0.23	0.018				
1.00					1.51	0.955	0.98	0.340	0.60	0.106	0.38	0.035	0.25	0.014				
1.50					2.27	1.96	1.47	0.698	0.90	0.22	0.57	0.072	0.39	0.029	0.27	0.012		
2.00							1.96	1.160	1.20	0.36	0.76	0.119	0.52	0.049	0.36	0.020	0.24	0.008
2.50							2.46	1.730	1.50	0.54	0.95	0.517	0.65	0.072	0.45	0.030	0.30	0.011
3.00									1.81	0.74	1.14	0.245	0.78	0.099	0.54	0.042	0.36	0.016
3.50									2.11	0.97	1.33	0.322	0.91	0.131	0.63	0.055	0.42	0.021
4.00									2.41	1.23	1.51	0.408	1.04	0.166	0.72	0.069	0.48	0.026
4.50									2.71	1.52	1.70	0.503	1.17	0.205	0.81	0.086	0.54	0.032

续表

q_g	DN15		DN20		DN25		DN32		DN40		DN50		DN70		DN80		DN100	
	v	i	v	i	v	i	v	i	v	i	v	i	v	i	v	i	v	i
5.00											1.89	0.606	1.30	0.247	0.90	0.104	0.60	0.039
5.50											2.08	0.718	1.43	0.293	0.99	0.123	0.66	0.046
6.00											2.27	0.838	1.56	0.342	1.08	0.143	0.72	0.052
6.50													1.69	0.394	1.17	0.165	0.78	0.062
7.00													1.82	0.445	1.26	0.188	0.84	0.071
7.50													1.95	0.51	1.35	0.213	0.90	0.080
8.00													2.08	0.57	1.44	0.238	0.96	0.090
8.50													2.21	0.63	1.53	0.265	1.02	0.102
9.00													2.34	0.70	1.62	0.294	1.08	0.111
9.50													2.47	0.77	1.71	0.323	1.14	0.121
10.00															1.80	0.354	1.20	0.134

附表 4 排水塑料管水力计算表

流量 Q(L/s)、管径 De(mm)、流速 v(m/s)、管道粗糙系数 $n=0.009$

坡度	h/D=0.5										h/D=0.6			
	De=50		De=75		De=90		De=110		De=125		De=160		De=200	
	v	Q	v	Q	v	Q	v	Q	v	Q	v	Q	v	Q
0.003											0.74	8.38	0.86	15.24
0.004									0.63	3.48	0.80	9.05	0.93	16.46
0.004 5							0.62	2.59	0.67	3.72	0.85	9.68	0.99	17.60
0.005					0.60	1.64	0.69	2.90	0.75	4.16	0.95	10.82	1.11	19.68
0.006					0.65	1.79	0.75	3.18	0.82	4.55	1.04	11.85	1.21	21.55
0.007			0.63	1.22	0.71	1.94	0.81	3.43	0.89	4.92	1.13	12.80	1.31	23.28
0.008			0.67	1.31	0.75	2.07	0.87	3.67	0.95	5.26	1.20	13.69	1.40	24.89
0.009			0.71	1.39	0.80	2.20	0.92	3.89	1.01	5.58	1.28	14.52	1.48	26.40
0.010			0.75	1.46	0.84	2.31	0.97	4.10	1.06	5.88	1.35	15.30	1.56	27.82
0.011			0.79	1.53	0.88	2.43	1.02	4.30	1.12	6.17	1.41	16.05	1.64	29.18
0.012	0.62	0.52	0.82	1.60	0.92	2.53	1.07	4.49	1.17	6.44	1.48	16.76	1.71	30.48
0.015	0.69	0.58	0.92	1.79	1.03	2.83	1.19	5.02	1.30	7.20	1.65	18.74	1.92	34.08
0.020	0.80	0.67	1.06	2.07	1.19	3.27	1.38	5.80	1.51	8.31	1.90	21.64	2.21	39.35
0.025	0.90	0.74	1.19	2.31	1.33	3.66	1.54	6.48	1.68	9.30	2.13	24.19	2.47	43.99
0.026	0.91	0.76	1.21	2.36	1.36	3.73	1.57	6.61	1.72	9.48	2.17	24.67	2.52	44.86
0.030	0.98	0.81	1.30	2.52	1.46	4.01	1.68	7.10	1.84	10.18	2.33	26.50	2.71	48.19
0.035	1.06	0.88	1.41	2.74	1.58	4.33	1.82	7.67	1.99	11.00	2.52	28.63	2.93	52.05
0.040	1.13	0.94	1.50	2.93	1.69	4.63	1.95	8.20	2.13	11.76	2.69	30.60	3.13	55.65
0.045	1.20	1.00	1.59	3.10	1.79	4.91	2.06	8.70	2.26	12.47	2.86	32.46	3.32	59.02
0.050	1.27	1.05	1.68	3.27	1.89	5.17	2.17	9.17	2.38	13.15	3.01	34.22	3.50	62.21
0.060	1.39	1.15	1.84	3.58	2.07	5.67	2.38	10.04	2.61	14.40	3.30	37.48	3.83	68.15
0.070	1.50	1.24	1.99	3.87	2.23	6.12	2.57	10.85	2.82	15.56	3.56	40.49	4.14	73.61
0.080	1.60	1.33	2.13	4.14	2.38	6.54	2.75	11.60	3.01	16.63	3.81	43.28	4.42	78.70

附录 2 某教学楼给水排水施工图

某教学楼给水排水施工图见下方二维码。

给水排水施工图纸